突发环境污染事件
应急监测实用手册

解光武　刘　军　韩双来　主编

中国环境出版集团·北京

图书在版编目（CIP）数据

突发环境污染事件应急监测实用手册/解光武，刘军，
韩双来主编. —北京：中国环境出版集团，2021.7
ISBN 978-7-5111-4809-4

Ⅰ. ①突… Ⅱ. ①解…②刘…③韩 Ⅲ. ①环境污染
事故—应急监测—手册 Ⅳ. ①X830.7-62

中国版本图书馆 CIP 数据核字（2021）第 155581 号

出 版 人	武德凯	
责任编辑	宋慧敏	
文字编辑	马丁冉	
责任校对	任 丽	
封面设计	岳 帅	

出版发行 中国环境出版集团
　　　　　（100062 北京市东城区广渠门内大街 16 号）
　　　　　网　　　址：http://www.cesp.com.cn
　　　　　电子邮箱：bjgl@cesp.com.cn
　　　　　联系电话：010-67112765（编辑管理部）
　　　　　发行热线：010-67125803，010-67113405（传真）
印　　刷　北京市联华印刷厂
经　　销　各地新华书店
版　　次　2021 年 7 月第 1 版
印　　次　2021 年 7 月第 1 次印刷
开　　本　880×1230　1/32
印　　张　5.75
字　　数　133 千字
定　　价　36.00 元

《突发环境污染事件应急监测实用手册》

编 委 会

主　　编：解光武　　刘　军　　韩双来

副 主 编：杨　戈　　何俊杰　　吴　剑　　胡建坤

编　　写：何松立　　王志成　　邱瑞桥　　颜如剑

　　　　　秦承华　　王新魁　　柳　钢　　彭　晖

　　　　　江　涛　　罗思苑　　冼国伟　　刘　莎

　　　　　王焕香　　柯钊跃　　张　旭　　张金炜

　　　　　潘燕华　　陈　军　　李俊生　　袁海斌

　　　　　彭家旺

编　　审：陈春贻　　林健弟　　黄江荣

前　言

　　近年来，我国突发性环境污染事件频发，一些重大的安全事件引发的次生环境问题引起了党中央、国务院的高度重视和全社会的极大关注。2015 年 8 月 12 日发生的天津滨海新区爆炸事故、2019 年 3 月 21 日发生的江苏响水特别重大爆炸事故、2020 年 3 月 28 日发生的黑龙江伊春鹿鸣矿业有限公司尾矿泄漏事故等事件给生态环境造成了极大的影响。

　　环境污染事件可能对各种环境要素（如空气、地表水、土壤等）产生影响，而且污染物质种类多、监测对象瞬息万变，因此应急监测工作具有复杂性。在发生突发事件时，如何以最快速度提供科学、有效、准确的监测数据，为事件处置决策提供技术支撑，是摆在应急监测工作者面前的一个重要课题。为解决上述问题，适应当前环境应急监测工作的需求，在参考大量应急监测实际案例、查阅相关资料的基础上，我们组织编写了《突发环境污染事件应急监测实用手册》（以下简称《手册》），供环境应急监测人员参考。

　　《手册》正文共分七章。第一章概述了应急监测的含义、作用、工作程序等，通过流程图和文字说明的形式，介绍应急监测的主要程序；第二章介绍了应急监测人员的职责与分工，以及在人员不足的情况下应急支援与求助的一般原则；第三章详细介绍了突发性环境污染事件应急监测方案编制方法，包括监测项目、监测频次、监测方法、监测布点、评价标准及质量保证与质量控制等内容；第四章介绍了样品采集、样品管理及样品分析的相关内容；第五章介绍了应急监测报告的编写内容；第六章简要介绍了应急监测终止条件及程序、应急监测总结报告编写、资料归档等内容；第七章简要介绍了应急监测安全与防护知识。附录部分主要为方案模板与报告格式、典型特征污染物应急处置工艺、典型案例等内容。期望《手册》对指导应急监测工作，解决应急监测过程中存在的监测布点不规范、监测数据报送迟缓等问题起到一定帮助作用。

最后，对参与《手册》编写的广东省生态环境监测中心、杭州谱育科技发展有限公司、广州生态环境监测中心站、深圳生态环境监测中心站、肇庆生态环境监测站、韶关生态环境监测中心站工作人员的辛苦付出表示感谢。

编　者

2021 年 4 月

目 录

第一章 应急监测工作流程

第一节 应急监测概述

一、应急监测的含义

应急监测是指突发环境污染事件发生后至应急响应终止前，对污染物、污染物浓度、污染范围及其变化趋势进行的监测。应急监测包括污染态势初步判别和跟踪监测两个阶段。污染态势初步判别是突发环境污染事件应急监测的第一阶段，指突发环境污染事件发生后，确定污染物种类、监测项目及污染范围的过程。跟踪监测是突发环境污染事件应急监测的第二阶段，指污染态势初步判别阶段后至应急响应终止前，开展的确定污染物浓度及其变化趋势的环境监测活动。

二、应急监测的基本要求

由于突发环境污染事件形式多样、发生突然、危害严重，为尽快采取有效措施遏制事态扩大，降低次生危害发生的风险，就必须做好应急监测工作，其基本要求有以下几点：

（1）及时。突发环境污染事件危害严重、社会影响较大，对事故处置的分秒延误都可能酿成更大的生态灾难，会导致社会不安定事件的发生，这就要求应急监测人员提早介入、及时开展工作、及时出具监测数据、及时为事故处置的正确决策提供依据。

（2）准确。现场应急监测任务的紧迫性要求在事故的开始阶段准确报出定性监测结果，准确查明造成事故的污染物种类；同时要进行精确的定量检测，确定在不同源强、不同气象条件下、不同环境介质中污染物的浓度分布情况，为污染事件的准确分级提供直接的依据。这就要求对分析方法和监测仪器做出正确的选择，分析方法的选择性和抗干扰性要强，分析结果要直观、易判断且具有较好的再现性。监测仪器要轻便、易携，最好有比较快速的扫描功能且具备较高的灵敏度和准确度。

（3）有代表性。由于事发突然、现场复杂，应急监测人员不可能在整个事故影响区域广泛布点，这就要求应急监测人员在现场选取最具代表性的监测点位，既能准确表征事故特征，又能为事故的处置赢得时间。

三、应急监测的特点及作用

1. 应急监测的特点

突发环境污染事件存在突然性、不可预见性、危害后果的严重性、形式和种类的多样性、应急处理处置和环境恢复的艰巨性等特点。监测的时间、地点难以预先确定，监测对象的种类、数量、浓度及排放方式、排放途径等信息往往也难以预料。

应急监测工作包括日常应急监测和事故应急监测，在突发环境污染事件发生前、中、后不同时期进行监测，为事故的预警、防范及事故发生期间的应急响应处理和事后环境恢复提供科学的决策依据。

2．应急监测的作用

应急监测在突发环境污染事件中的基础和特殊地位直接决定了应急处置的成功概率。通过环境应急监测，可以及时发布信息，以正视听，让人民群众放心，让政府满意。因此，环境应急监测也是一项严肃的、特殊的、重要的政治任务。

应急监测以迅速开展监测分析，准确判断污染物的来源、种类、浓度及污染程度、污染范围、发展趋势、可能产生的环境危害为核心，通过应急监测确定污染性质、提出个人防护要求；提供事故污染排放源的位置、规模等信息；提出事故现场污染控制、污染物清理和处理效果的相关信息。其目的是发现和查明环境污染状况，掌握污染的范围和程度及污染的变化趋势。应急监测的主要作用有以下几个方面。

（1）对突发环境污染事件做出初步分析

由应急监测迅速获得污染事件的初步分析结果，可掌握污染物的种类、排放量、存在形态和排放浓度，结合气象条件、地理地质条件、水文条件等，预测污染物向周边环境扩散的区域和范围、扩散速率、有无复合型污染、污染物削减量、降解速率及污染物的理化特性（含残留毒性、挥发性）等。

（2）为应急处置提供技术支持

由于突发环境污染事件事发突然、后果严重，可根据现场初步分析结果迅速、合理地制订应急处置措施，确保应急处置的有效性，降低突发环境污染事件的危害程度。

（3）跟踪事态发展

由于突发环境污染事件发生在特定的时间或空间，随着现场形势的变化，应急处置措施要适时进行调整，因此连续、实时的应急监测对于判断事故对影响区域环境的延续性、事故处置措施的改进有着重要的作用。

（4）为事故评估和事后恢复提供依据

通过对应急监测数据的分析，可以掌握污染事件的类型、等级等信息，为污染事故的事后评估提供重要的参考依据，并且可以为突发环境污染事件事后恢复计划的制订和修订，持续提供翔实、充分的信息和数据。

第二节　应急监测工作程序

应对突发环境污染事件时，环境监测部门必须遵照一定的工作程序，做到程序明了，过程清晰，工作不缺位、不越位，各环节配合流畅，为应急处置工作发挥良好的技术支持作用。

应急监测工作的主要环节和程序为：企业和应急、交通等部门向属地生态环境部门通报突发环境污染事件。应急值班人员接到消息并尽可能了解详情后，立即向相关领导或职能部门报告。相关领导根据了解到的信息进行初步研判，确定是否报告上级部门和请求应急监测支援，并下达应急监测命令。生态环境监测部门收到应急监测任务后，立即启动应急监测预案，明确职责分工并进行现场勘查；了解现场状况、制定监测方案；进行现场采样与监测、样品分析、数据汇总，编制监测简报或报告；提出应急监测终止建议，应急监测终止后，开展应急监测工作复盘和总结、资料归档等。应急监测工作总体程序见图1-1。

为确保以最快的速度赶赴突发事件现场，在启动应急响应后，应急监测指挥组和各相关应急监测小组成员应尽快到岗，做好仪器设备及防护装备的准备工作。

应急监测小组作为应急处置工作的重要参与和技术支撑单位，在应急指挥部的统一领导下工作，应急监测指挥组做好与其他部门协同配合的同时，组织各方力量在应急监测、污染预测与评估等方面发挥主导作用，并积极发挥主观能动性，根据实际情况在污染处置过程中向应急指挥部提出环境污染形势预测和处置建议。在污染情况恢复正常时，及时提出应急监测终止建议。

为高效、智能地完成上述一系列组织实施工作，建议有条件的部门基于大数据、云计算和物联网技术配备环境应急监测系统软件和移动端应用程序，建立统一的应急指挥管理与现场协同平台。有效实现环境应急监测事件的接报、处理、监控、总结的全过程管理，建立集成水、大气、土壤应急监测的仪器设备库、案例和历史事件库、资料库、物质库、专家库和处置方法库等，支持现场处置工作、指挥人员和专家等的在线统一平台可视化互动沟通，接入周边环境空气、水质和气象等在线监测数据，加强数据审核、决策制定、数据传送、报告审核和事件简报等的有效管理，从而保障对突发环境污染事件快速响应、掌握全局、准确判断、有序协同、高效处置，大大提升应对突发环境污染事件的能力，最大限度地降低突发环境污染事件带来的灾害和损失。

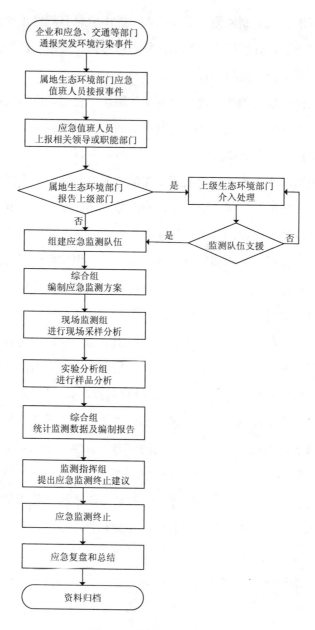

图 1-1 应急监测工作程序

第二章　分工与应急求援

第一节　应急值班

各级环境监测机构应建立应急值班制度，设立应急值班电话。在接到应急监测任务时，值班人员应尽可能详细地了解事件信息，包括事件地点、规模、污染物种类等信息，做好应急监测任务（接报）记录（见表2-1），并立即报告相关领导。监测机构负责人在接到报告后，根据了解到的情况，对应急监测任务进行研判，预判响应等级，成立应急监测小组，明确工作分工、确定携带仪器设备种类等。

表 2-1　应急监测任务（接报）记录

下达任务单位		下达任务人员	
任务接收人		接收时间	
事件信息	事件地点： 事件规模： 事件性质： 污染物类别： 周边环境敏感点等情况： 其他：		

现场 反馈 信息	现场情况	
	处置情况	
报告领导时间		接收报告领导	
备注：			

按照严重性和紧急程度，突发环境污染事件分为特别重大突发环境污染事件（Ⅰ级）、重大突发环境污染事件（Ⅱ级）、较大突发环境污染事件（Ⅲ级）和一般突发环境污染事件（Ⅳ级）四级。突发环境污染事件响应等级划分见表 2-2。

表 2-2　突发环境污染事件响应等级划分

序号	等级	环境污染影响情况
1	特别重大突发环境污染事件（Ⅰ级）	凡符合下列情形之一的，为特别重大突发环境污染事件： ①因环境污染直接导致30人以上死亡或100人以上中毒或重伤的； ②因环境污染疏散、转移人员 5 万人以上的； ③因环境污染造成直接经济损失 1 亿元以上的； ④因环境污染造成区域生态功能丧失或该区域国家重点保护物种灭绝的； ⑤因环境污染造成设区的市级以上城市集中式饮用水水源地取水中断的； ⑥Ⅰ类、Ⅱ类放射源丢失、被盗、失控并造成大范围严重辐射污染后果的；放射性同位素和射线装置失控导致 3 人以上急性死亡的；放射性物质泄漏，造成大范围辐射污染后果的（不属于本《手册》监测内容）； ⑦造成重大跨国境影响的境内突发环境污染事件

序号	等级	环境污染影响情况
2	重大突发环境污染事件（Ⅱ级）	凡符合下列情形之一的，为重大突发环境污染事件： ①因环境污染直接导致 10 人以上 30 人以下死亡或 50 人以上 100 人以下中毒或重伤的； ②因环境污染疏散、转移人员 1 万人以上 5 万人以下的； ③因环境污染造成直接经济损失 2 000 万元以上 1 亿元以下的； ④因环境污染造成区域生态功能部分丧失或该区域国家重点保护野生动植物种群大批死亡的； ⑤因环境污染造成县级城市集中式饮用水水源地取水中断的； ⑥Ⅰ类、Ⅱ类放射源丢失、被盗的；放射性同位素和射线装置失控导致3人以下急性死亡或者10人以上急性重度放射病、局部器官残疾的；放射性物质泄漏，造成较大范围辐射污染后果的（不属于本《手册》监测内容）； ⑦造成跨省级行政区域影响的突发环境污染事件
3	较大突发环境污染事件（Ⅲ级）	凡符合下列情形之一的，为较大突发环境污染事件： ①因环境污染直接导致 3 人以上 10 人以下死亡或 10 人以上 50 人以下中毒或重伤的； ②因环境污染疏散、转移人员 5 000 人以上 1 万人以下的； ③因环境污染造成直接经济损失 500 万元以上 2 000 万元以下的； ④因环境污染造成国家重点保护的动植物物种受到破坏的； ⑤因环境污染造成乡镇集中式饮用水水源地取水中断的； ⑥Ⅲ类放射源丢失、被盗的；放射性同位素和射线装置失控导致 10 人以下急性重度放射病、局部器官残疾的；放射性物质泄漏，造成小范围辐射污染后果的（不属于本《手册》监测内容）； ⑦造成跨设区的市级行政区域影响的突发环境污染事件

序号	等级	环境污染影响情况
4	一般突发环境污染事件（Ⅳ级）	凡符合下列情形之一的，为一般突发环境污染事件： ①因环境污染直接导致3人以下死亡或10人以下中毒或重伤的； ②因环境污染疏散、转移人员5 000人以下的； ③因环境污染造成直接经济损失500万元以下的； ④因环境污染造成跨县级行政区域纠纷，引起一般性群体影响的； ⑤Ⅳ类、Ⅴ类放射源丢失、被盗的；放射性同位素和射线装置失控导致人员受到超过年剂量限值照射的；放射性物质泄漏，造成厂区内或设施内局部辐射污染后果的；铀矿冶、伴生矿超标排放，造成环境辐射污染后果的（不属于本《手册》监测内容）； ⑥对环境造成一定影响，尚未达到较大突发环境污染事件级别的

注：①上述分级标准有关数量的表述中，"以上"含本数，"以下"不含本数。

②参照国际原子能机构的有关规定，按照放射源对人体健康和环境的潜在危害程度，从高到低将放射源分为Ⅰ类、Ⅱ类、Ⅲ类、Ⅳ类、Ⅴ类，Ⅴ类源的下限活度值为该种核素的豁免活度。

第二节　职责与分工

按属地为主原则，县（区）生态环境监测机构承担突发环境污染事件第一时间应急监测响应职责，负责行政区域内一般突发环境污染事件的应急监测，参与其他突发环境污染事件应急监测。省级生态环境主管部门驻市生态环境监测机构负责较大突发环境污染事件的应急监测，必要时对县（区）应急监测进行支援。省级生态环境监测中心负责指导协调辖区生态环境应急监测，承担跨省、跨市及重特大突发环境污染事件应急监测。

　　监测指挥组是应急监测领导机构，一般下设综合组、现场监测组、实验分析组、后勤保障组等（见图2-1），各小组根据各自职能分工协同合作，做好应急监测工作。

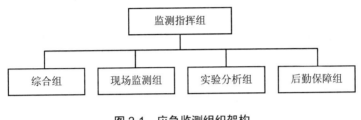

图2-1　应急监测组织架构

一、监测指挥组

　　监测指挥组一般由监测机构负责人组成，系应急监测的最高领导机构，组长为突发环境污染事件应急指挥部成员。监测指挥组代表应急监测组与应急指挥部及其他应急工作组进行沟通协调，负责应急监测行动的组织、决策、调度，监测方案的审定和报告核发。

二、综合组

　　综合组通常由综合业务部门负责人担任组长，成员由满足监测相关工作要求的人员组成。

　　综合组是突发环境污染事件应急监测的信息中枢，是连接监测指挥组与其他应急工作组的纽带。综合组在监测指挥组的领导下，具体实施应急监测行动的现场组织和协调，调度各方监测力量有序开展应急监测工作，实时向监测指挥组反馈情况。经监测指挥组授权，综合组代表应急监测组与其他应急工作组沟通协调，牵头应急监测质量控制工作，负责相关信息汇总和综合分析、监测方案制定、报告编制和资料归档的工作。

三、现场监测组

现场监测组通常由现场室负责人担任组长，成员由具有一定现场监测经验的人员组成。

现场监测组组织开展突发环境污染事件的应急监测踏勘调查。启动应急监测响应后，现场监测组第一时间赶赴现场开展调查工作和初步监测工作。应急监测方案审定后，根据综合组的调度开展现场监测和样品采集并做好质量控制工作，实时反馈现场监测数据和情况，按规范程序将采集样品送达实验分析组。

四、实验分析组

实验分析组通常由实验室负责人担任组长，成员由熟悉相关污染物检测的人员组成。每类项目检测人员不少于 2 人。

实验分析组接到监测指挥组的通知后，第一时间做好实验分析准备，如有必要，按要求赶赴现场搭建临时实验室或利用监测车开展分析检测工作。应急监测方案审定后，按照质量控制要求做好样品分析并及时报送实验数据。

五、后勤保障组

后勤保障组通常由办公室负责人担任组长，成员由满足相关工作要求的人员组成。

后勤保障组经监测指挥组授权，负责应急监测组的车辆调度、相关物资的购买调配、应急监测人员的生活保障以及相关费用的报销和结算等工作。

第三节 应急支援与求助

按照分级负责的要求，各级监测机构承担相应级别的应急监测任务，当本单位人员、应急仪器设备等相关监测能力不能满足应急监测需要时，监测指挥组则需要按照程序向本级生态环境主管部门或上级监测机构请求应急支援。应急支援时，一般优先选择辖区监测机构支援应急监测工作，如果仍然不能满足工作需求，再请求上级协调解决。也可根据需要协调第三方检测机构或涉事企业等参与应急监测工作。

为提高应急监测效率，及时提供应急监测数据，实验分析组尽量选择距离采样点近、交通便利并具有实验条件的实验室进行分析工作。涉及部分不需要前处理或前处理过程简单的化学法分析工作时，可将实验室设置在事故现场。如果应急监测周期较长，应尽可能将实验室仪器设备搬运到事故现场并进行分析监测工作，有条件的监测机构还可使用移动实验室（即构建现场实验室环境、实验室质控体系、实验室保障设施和实验室大型分析仪器一体化）参与应急监测。

大气污染物具有扩散速度快、浓度变化大、难以捕捉等特点，应尽量采用便携式仪器或走航监测车进行监测。

第三章　应急监测方案

第一节　主要内容

应急监测方案主要内容包括事件概况、监测开展情况、监测内容（监测项目、频次）、任务分工、监测布点及示意图、监测方法、评价标准、质量保证与质量控制等。应根据事件发展情况适时调整监测方案并简述调整原因，标注版次。

一、事件概况

事件概况主要介绍事件发生的时间、地点、起因、性质、污染类型、已采取的处置措施、事发区域相关信息以及可能影响的敏感目标等。示例如下：

20××年××月××日××时××分，我市××化工区××化工厂发生苯储罐爆炸事故，现场正在进行消防灭火，事故造成××污染，事故周边最近敏感点距离事发地××米。××时××分，我站接市生态环境局应急指令后，立即启动站内应急监测预案。根据现场勘查情况，在专家组的指导下制定本方案。本方案从××日××时开始实施。

事件概况是首次编制监测方案的必要内容，方案调整后，该部分内容可替代为已开展监测情况的概述。

二、监测内容

监测内容主要包括各监测断面（点）名称及编号、监测的项目、频次、质控要求等。在情况复杂、涉及的任务量大并且有多个单位参与应急监测的情况下，必须明确任务分工，在监测内容中增加任务分工相关内容。监测内容尽量以表格加布点图的方式进行展示，示例见表3-1、图3-1。

表 3-1 监测内容

监测类别	编号	监测断面（点）名称	监测项目	监测频次	任务分工
大气环境					
地表水					

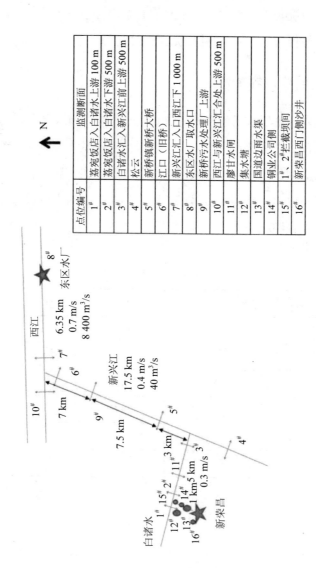

点位编号	监测断面
1#	荔苑饭店入白诸水上游 100 m
2#	荔苑饭店入白诸水下游 500 m
3#	白诸水汇入新兴江前上游 500 m
4#	松云
5#	新桥镇新桥大桥
6#	江口 (旧桥)
7#	新兴江入口西江下 1 000 m
8#	东区水厂取水口
9#	新桥污水处理厂上游
10#	西江与新兴江汇合处上游 500 m
11#	廖甘水闸
12#	集水塘
13#	国道边雨水渠
14#	铜业公司侧
15#	1#、2#拦截坝中间
16#	新荣昌西门侧沙井

图 3-1 地表水监测断面 (点) 示意

三、监测方法

按选定的监测项目结合应急仪器与实验室仪器使用情况，确定采样及分析方法。采样方法可以按大类明确，分析方法可按监测项目以表格形式列举，示例见表3-2。

表 3-2 监测方法

监测类别	监测项目	现场分析方法	实验室分析方法
大气环境			
地表水			
土壤			

四、评价标准

评价标准一般以列表的形式展示，需明确各项污染物的标准限值和标准出处，若使用参考标准，应予以注明，示例见表3-3。

表 3-3 评价标准

污染类别	项目	评价标准	标准限值
大气环境污染			

污染类别	项目	评价标准	标准限值
地表水环境污染			
土壤环境污染			

五、质量保证与质量控制

应急监测方案应从样品的采集、保存、运输、分析、仪器设备、人员要求等多方面明确质量保证与质量控制要求。

第二节　监测项目

优先选择突发环境污染事件特征污染物作为监测项目。特征污染物一般是指事件中排放量较大或超标倍数较高、对生态环境有较大影响、可以表征事态发展的污染物。根据事件类型、污染源特征、生产工艺等并结合事件发生地周边环境本底值情况和应急监测初筛结果来确定特征污染物，必要时需增加监测指标或开展水质全分析监测。

（1）对于已知污染物的突发环境污染事件，应根据已知污染物确定主要监测项目。同时也应考虑该污染物在坏境中可能产生的反应、衍生成其他有毒有害物质的情况。

（2）对于固定源引发的突发环境污染事件，通过对引发突发环境污染事件的固定源单位有关人员（如管理人员、技术人员等）的调查询问，查阅环评报告、竣工验收监测报告、突发环境污染事件应急预案、危废转移联单，并对事发单位所用原辅材料、产品等进行调查，同时采集有代表性的污染源样品，确认主要污染物和监测项目。

（3）对于流动源引发的突发环境污染事件，通过对有关人员（如货主、驾驶员、押运员等）的询问及查看运送物品的外包装、准运证、押运证等信息，采集有代表性的污染源样品，鉴定并确认主要污染物和监测项目。

（4）对未知污染源产生的突发环境污染事件，则可通过以下方法确定主要污染物和监测项目。

①通过污染事件现场的一些特征，如气味、挥发性、遇水的反应特性、颜色及对周围环境、作物的影响等，初步确定主要污染物和监测项目。如发生人员或动物中毒事件，可根据中毒反应的特殊症状，初步确定主要污染物和监测项目。

②通过事件现场周围可能产生污染的排放源的生产、环保、安全记录，初步确定主要污染物和监测项目。

③利用空气自动监测站、水质自动监测站和污染源在线监测系统等现有仪器设备进行监测，确定主要污染物和监测项目。

④通过现场采样分析，包括采集有代表性的污染源样品，利用试纸、快速检测管和便携式监测仪器等现场快速分析手段，确定主要污染物和监测项目。

⑤通过采集样品，包括采集有代表性的污染源样品，送实验室分析后，确定主要污染物和监测项目。

⑥通过专家咨询，锁定监测项目。

（5）涉及地表水污染时，如一时无法确定监测项目，可参考《地表水环境质量标准》（GB 3838—2002）表 1、表 2、表 3 开展筛选分析。

此外，可参考表 3-4、表 3-5 和表 3-6 中的典型污染物，对每个环境介质（水、大气和土壤等）选择 1～3 个监测项目为宜。

表 3-4　工业废水监测项目

类型	典型项目	选测项目
黑色金属矿山（包括磷铁矿、赤铁矿、锰矿等）	pH、重金属[①]	硫化物、锑、铋、锡、氯化物
钢铁工业（包括选矿、烧结、炼焦、炼铁、炼钢、连铸、轧钢等）	pH、COD、挥发酚、氰化物、油类、六价铬、锌、氨氮	硫化物、氟化物、铬
选矿药剂	COD、硫化物、重金属	—
有色金属矿山及冶炼（包括选矿、烧结、电解、精炼等）	pH、COD、氰化物、重金属	硫化物、铍、铝、钒、钴、锑、铋
非金属矿物制品业	pH、COD、重金属	油类
煤气生产和供应业	pH、COD、油类、重金属、挥发酚、硫化物	多环芳烃、苯并[a]芘、挥发性卤代烃
火力发电（热电）	pH、硫化物、COD	—
电力、蒸汽、热水生产和供应业	pH、硫化物、COD、挥发酚、油类	—
煤炭采选业	pH、硫化物	砷、油类、汞、挥发酚、COD
焦化	COD、挥发酚、氨氮、氰化物、油类、苯并[a]芘	总有机碳
石油开采	COD、油类、硫化物、挥发性卤代烃、总有机碳	挥发酚、总铬
石油加工及炼焦业	COD、油类、硫化物、挥发酚、总有机碳、多环芳烃	苯并[a]芘、苯系物、铝、氯化物

类型		典型项目	选测项目
化学元素矿物开采	硫铁矿	pH、COD、硫化物、砷	—
	磷矿	pH、氟化物、磷酸盐（P）、黄磷、总磷	—
	汞矿	pH、汞	硫化物、砷
无机原料	硫酸	pH、硫化物、重金属	砷、氟化物、氯化物、铝
	氯碱	pH、COD	汞
	铬盐	pH、六价铬、总铬	汞
有机原料		COD、挥发酚、氰化物、总有机碳	苯系物、硝基苯类、有机氯类、邻苯二甲酸酯等
塑料		COD、油类、总有机碳、硫化物	氯化物、铝
化学纤维		pH、COD、总有机碳、油类、色度	氯化物、铝
橡胶		COD、油类、总有机碳、硫化物、六价铬	苯系物、苯并[a]芘、重金属、邻苯二甲酸酯、氯化物等
医药生产		pH、COD、油类、总有机碳、挥发酚	苯胺类、硝基苯类、氯化物、铝
染料		COD、苯胺类、挥发酚、总有机碳	色度、硝基苯类、硫化物、氯化物
颜料		COD、硫化物、总有机碳、汞、六价铬	色度、重金属
油漆		COD、挥发酚、油类、总有机碳、六价铬、铝	苯系物、硝基苯类
合成洗涤剂		COD、阴离子合成洗涤剂、油类、总磷、黄磷、总有机碳	苯系物、氯化物、铝
合成脂肪酸		pH、COD、总有机碳	油类
聚氯乙烯		pH、COD、总有机碳、硫化物、总汞、氯乙烯	挥发酚
感光材料、广播电影电视业		COD、挥发酚、总有机碳、硫化物、银、氰化物	显影剂及其氧化物
其他有机化工		COD、油类、挥发酚、氰化物、总有机碳	pH、硝基苯类、氯化物

类型		典型项目	选测项目
化肥	磷肥	pH、COD、磷酸盐、氟化物、总磷	砷、油类
	氮肥	COD、氨氮、挥发酚、总氮、总磷	砷、铜、氰化物、油类
合成氨工业		pH、COD、氨氮、总有机碳、挥发酚、硫化物、氰化物、石油类、总氮	镍
农药	有机磷	COD、挥发酚、硫化物、有机磷、总磷	总有机碳、油类
	有机氯	COD、硫化物、挥发酚、有机氯	总有机碳、油类
除草剂工业		pH、COD、总有机碳、农药②	除草醚、五氯酚、五氯酚钠、2,4-D、丁草胺、绿麦隆、氯化物、铝、苯、二甲苯、氨、氯甲烷、联吡啶
电镀		pH、碱度、重金属、氰化物	钴、铝、氯化物、油类
烧碱		pH、汞、石棉、活性氯	COD、油类
电气机械及器材制造业		pH、COD、油类、重金属	总氮、总磷
普通机械制造		COD、油类、重金属	氰化物
电子仪器、仪表		pH、COD、氰化物、重金属	氟化物、油类
造纸及纸制品业		pH、COD、可吸附有机卤化物（AOX）、挥发酚、硫化物	色度、木质素、油类
纺织染整业		pH、COD、总有机碳、苯胺类、硫化物、六价铬、铜、氨氮	色度、氯化物、油类、二氧化氯
皮革、毛皮、羽绒服及其制品		pH、COD、硫化物、总铬、六价铬、油类	总氮、总磷
水泥		pH、油类	—
油毡		COD、油类、挥发酚	硫化物、苯并[a]芘
玻璃、玻璃纤维		COD、氰化物、挥发酚、氟化物	铅、油类
陶瓷制造		pH、COD、重金属	—
石棉（开采与加工）		pH、石棉	挥发酚、油类

类型		典型项目	选测项目
木材加工		pH、COD、挥发酚、甲醛	硫化物
食品加工		pH、COD、氨氮、硝酸盐氮、动植物油	总有机碳、铝、氯化物、挥发酚、铅、锌、油类、总氮、总磷
屠宰及肉类加工		pH、COD、动植物油、氨氮、大肠菌群	石油类、细菌总数、总有机碳
饮料制造业		pH、COD、氨氮	细菌总数、挥发酚、油类、总氮、总磷
兵器工业	弹药装药	pH、COD、梯恩梯（TNT）、地恩梯（DNT）	硫化物、重金属、硝基苯类、油类
	火工品	pH、COD、铅、氰化物、硫氰化物、铁（Ⅰ、Ⅱ）氰络合物	肼和叠氮化物（叠氮化钠生产厂为必测）、油类
	火炸药	pH、COD、色度、铅、TNT、DNT、硝化甘油（NG）、硝酸盐	油类、总有机碳、氨氮
航天推进剂		pH、COD、氨氮、氰化物、甲醛、苯胺类、肼、一甲基肼、偏二甲基肼、三乙胺、二乙烯三胺	油类、总氮、总磷
船舶工业		pH、COD、油类、氨氮、氰化物、六价铬	总氮、总磷、硝基苯类、挥发性卤代烃
制糖工业		pH、COD、油类	色度、硫化物、挥发酚
电池		pH、重金属	油类
发酵和酿造工业		pH、COD、色度、总氮、总磷	硫化物、挥发酚、油类、总有机碳
货车洗刷和洗车		pH、COD、油类、挥发酚	重金属、总氮、总磷
管道运输业		pH、COD、油类、氨氮	总氮、总磷、总有机碳
宾馆、饭店、游乐场所及公共服务业		pH、COD、油类、挥发酚、阴离子洗涤剂、氨氮、总氮、总磷	粪大肠菌群、总有机碳、硫化物
绝缘材料		pH、COD、挥发酚、油类	甲醛、多环芳烃、总有机碳、挥发性卤代烃

类型	典型项目	选测项目
卫生用品制造业	pH、COD、油类、挥发酚、总氮、总磷	总有机碳、氨氮
生活污水	pH、COD、氨氮、挥发酚、油类、总氮、总磷、重金属	氯化物
医院污水	pH、COD、油类、挥发酚、总氮、总磷、汞、砷、细菌总数	氟化物、氯化物、醛类、总有机碳

注：①重金属为矿物中特征重金属污染物；②农药中特征污染物。

表 3-5　大气污染事件中的典型污染物

事件类型	事件相关污染物
易燃易爆物泄漏或爆炸	TVOC、煤气、瓦斯气体（CH_4、CO、H_2）、氯气、光气、石油液化气、甲醇、乙醇、丙酮、乙酸乙酯、乙醚、苯、甲苯等
生产运输泄漏	VOCs、SVOCs、SO_2、Cl_2、NH_3、H_2SO_4、HNO_4、HCl、HCN、HF、H_2S 等
恶臭	氨气、三甲胺、二硫化碳、硫化氢、硫醇、硫醚、二硫二甲、苯乙烯等
密闭环境气体中毒	H_2S、CH_4、CO、Cl_2、苯系物、硫醇、硫醚等

表 3-6　土壤污染事件中的典型污染物

事件类型	事件相关污染物
危废倾倒	重金属、pH、氰化物等
农药泄漏	有机磷农药：对硫磷（1605）、内吸磷（1059）、乐果、敌百虫、敌敌畏、杀螟松、马拉硫磷（4049）、甲胺磷；有机氯农药：滴滴涕（DDT）、六六六等
石油泄漏	石油类、苯系物、多氯联苯、多环芳烃、酚类、卤代烃类等

第三节 监测频次

监测频次主要根据处置情况和污染物浓度变化态势确定。力求以最合理的监测频次，做到既具备代表性、能满足处置要求，又切实可行。应急初期，控制点位原则上每 1～2 h 开展一次监测，各控制点位采样时间应保持一致，后期可视情况动态调整。其中，用于发布信息的点位原则上每天监测次数不少于 1 次。一般在应急监测频次设定方面可遵循以下原则（见表3-7）。

表3-7 应急监测频次

事件类型	监测点位	应急监测频次
地表水污染	事件点	视情况而定，主要考虑事件是否发生变化、污染物成分及浓度是否已确定
	对照断面（点）	初期8～12 h 监测 1 次（或涨落潮各 1 次），随污染物浓度下降逐渐降低监测频次，随其他监测断面(点)一同终止监测
	控制断面（点）敏感点等关键断面（点）	初期1～2 h 监测 1 次，随污染物浓度下降逐渐降低监测频次，若全面达标，按照方案连续监测 3 次均达标后终止。有条件区域可以采用无人巡航监测船或载人监测船进行水质全时域监测
	消减断面（点）	初期2～4 h 监测 1 次，随污染物浓度下降逐渐降低监测频次，若持续处于达标状态，可降低监测频次，随其他监测断面（点）一同终止监测
	附近水质自动监测站	在原有基础上提高监测频次，24 h 连续监测
大气污染	上风向参照点	初期4～8 h 监测 1 次，随污染物浓度下降逐渐降低频次，随其他监测断面（点）一同终止监测

事件类型	监测点位	应急监测频次
大气污染	事发点附近区域	污染初期 1～2 h 监测 1 次, 有条件情况下, 采用走航车进行实时监测。随污染物浓度下降逐渐降低监测频次, 若全面达标, 按照方案连续监测 3 次均达标后终止监测
	周边敏感点	
	事发地下风向	
	附近空气自动监测站	24 h 连续监测
土壤污染	背景点监测 1 次, 一次性污染事件各监测点只监测 1 次, 持续性污染事件各监测点每天监测 1 次, 随着污染物被处置清除逐渐降低监测频次	

注: 事故处置过程中, 拦截坝中不流动水质监测可适当降低频次, 可根据需要半天或一天监测 1 次。

第四节　监测布点与点位编号

采样断面（点）的设置一般以突发环境污染事件发生地及事件附近区域为主, 同时必须注意人群和生活环境等敏感区域, 重点关注对饮用水水源地、人群活动区域的空气、农田土壤等环境的影响, 合理设置监测断面（点）, 以掌握污染发生地实时状况、准确反映事件发生区域环境的污染程度和范围。

对被突发环境污染事件所污染的地表水、大气和土壤, 应设置对照断面（点）、控制断面（点）, 对地表水还应设置消减断面（点）, 尽可能以最少的断面（点）获取足够的、有代表性的所需信息, 同时须考虑采样的可行性和便利性。

一、监测布点

（一）地表水监测布点

1. 江河

（1）事件点：视情况在事件发生地污染物进入地表水前设置监测点，以便直接掌握事件中涉及的污染物类型和浓度。

（2）对照断面（点）：在离受事件污染物影响的地表水（河流、水库、河涌等）上游一定距离处布设 1 个对照断面（点），以掌握其未受污染事件影响时的背景浓度。

（3）控制断面（点）：根据实际情况，在事发地下游一定范围内设控制断面（点），以监控污染源浓度的变化趋势，控制断面（点）的布设以了解污染物分布、移动情况为目的。对于水流速度小、长度短的河涌、小溪型地表水突发环境污染事件，可适当缩短断面（点）间距离；对于水流速度大、长度长的河流型地表水突发环境污染事件，可适当延长断面（点）间距离。

（4）消减断面（点）：污染物在受污染水体内流经一定距离后达到最大限度混合，被稀释、降解，主要污染物浓度有明显降低的断面（点）。

（5）敏感断面（点）：在事件影响区域内饮用水取水口、农灌区取水口等敏感处设置采样断面（点）。

江河监测布点示意见图 3-2。

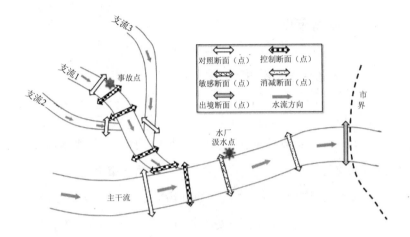

图 3-2　江河监测布点示意

2．湖库

（1）出入湖断面（点）：在湖库的入口及出口应进行布点监测，如污染发生在湖库内，则入口可作为对照断面（点）。

（2）控制断面（点）：在湖库内事发点附近不同水流方向上设置多个控制断面（点），以监控污染源浓度的变化趋势。

（3）消减断面（点）：污染物达到最大限度混合，受到稀释、降解，主要污染物浓度有明显降低的断面（点）。湖库的消减断面（点）一般以圆形或扇形布点。

（4）敏感断面（点）：在事件影响区域内饮用水取水口、农灌区取水口等敏感处设置采样断面（点）。

湖库监测布点示意见图 3-3。

对于河流和湖库，有以下情况应进行加密监测，布设加密监测点位：①为进一步了解污染团（带）分布情况；②在河流或湖库设置了处理处置断面（截污坝、活性炭坝等），须在该断面前后布点监测，了解处理效果和达标情况；③应急指挥部要求的其他状况。

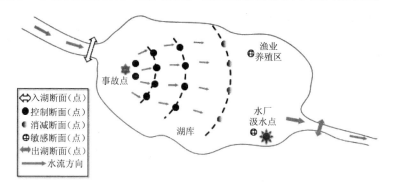

图 3-3　湖库监测布点示意

3．池塘

如在池塘发生污染事件，池塘内为不流动水，可采用梅花、对角线、蛇形或棋盘布点法进行布点监测，布点数量可根据池塘面积大小、污染物性质确定（见图 3-4）。流动水池可参考湖库布点监测。

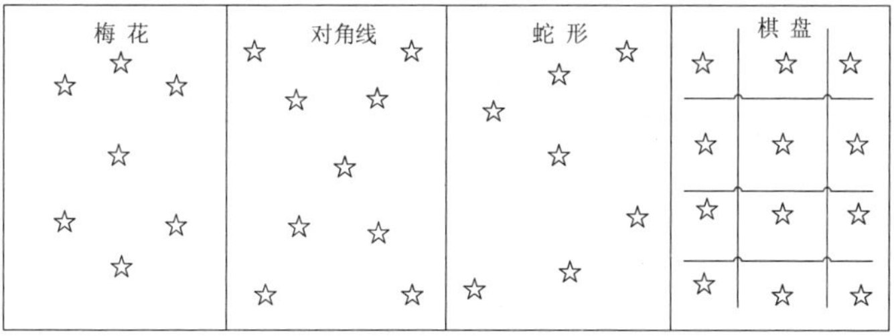

梅花	对角线	蛇形	棋盘

图 3-4　池塘监测布点示意

4．其他要求

（1）在江河地表水监测断面（点）示意图中需标注各监测断面

（点）之间的距离并标注水流速度和流量等参数。对江河水流参数，可咨询当地水利部门，全国大江大河实时水情可通过 http://xxfb.mwr.cn/sq_djdh.html 查询。

（2）对于感潮河段，应充分考虑潮汐作用对污染物迁移扩散的影响，结合潮汐规律合理布设监测断面（点）、安排监测时间。潮汐查询网址：https：//www.cnss.com.cn/tide/。

（3）在跨界断面处应布设监测断面（点），及时通报下游地方人民政府。

（4）应注意利用桥梁位置布设地表水监测断面（点）。

（5）如江河、湖泊水流的流速缓慢或基本静止，可根据污染物的特性在不同水层采样。

（6）根据污染物在水中的溶解度、密度等特性，对易沉积于水底的污染物，必要时布设底质采样断面（点）。

（7）对于布点密集、没有明显标志物、容易混淆的监测断面（点），须做好断面（点）标志，避免方案中监测点与实际采样点不一致的情况发生。

（二）环境空气监测布点

1. 参照点

在上风向未受事件影响的区域设置参照点，掌握未受事件影响时的背景浓度。

2. 事件点

对于点源污染事件（如涉事区域半径＜50 m），视情况在事件点周围安全区域设置 2～3 个监测点；对于面源污染事件（如涉事区域半径＞500 m），视情况在事件点现场安全区域内进行流动巡测。

3．下风向

（1）扇形布点法：适用于主导风向比较明显（风速大于 0.5 m/s）的情况。布点时，以事件所在位置为圆点，以主导风向为轴线，在气体泄漏的下风向地面上划出一个扇形区域（应包含整个事件影响区域）作为布点范围，该扇形区域的夹角一般控制在90°内，也可根据现场具体情况适当扩大。采样点就设在扇形平面内从点源引出的 4 条左右的射线与不同距离（如 0.5 km、1 km、3 km、5 km）弧线的交点上，相邻两射线间的夹角一般取10°～20°（见图3-5）。

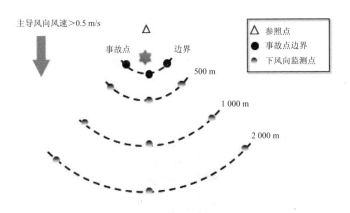

图 3-5　环境空气监测扇形布点法示意

（2）圆形布点法：一般用于地面粗糙度小、风速低（小于 0.5 m/s）的情况。布点时，以事件点为圆心，在不同距离的位置画4～7个同心圆。再从圆心引出 8～12 条射线，射线与同心圆的交点就是采样点的位置（见图3-6）。

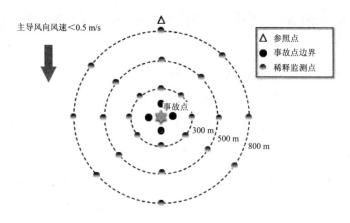

图 3-6　环境空气监测圆形布点法示意

（3）圆形+扇形布点法：当事件区域范围较大时，可将圆形布点法和扇形布点法相结合，在事件区域内采取圆形布点法，在事件区域下风向采取扇形布点法（见图 3-7）。

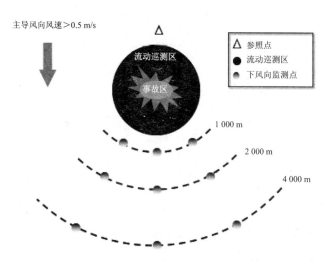

图 3-7　环境空气监测圆形+扇形布点法示意

4．敏感点

在可能受污染事件影响的居民住宅区或人群活动区等敏感区域设置监测点。

5．其他要求

（1）由于泄漏事件的应急监测是为了研究污染物对人的影响，所以采样点高度应设在离地面约 1.5 m 处；采样点应选择在发生事件周围的开阔地带，避免高大建筑物及树木等对采样工作的遮挡。

（2）采样过程中应注意风向变化，及时调整采样点位置。

（三）土壤监测布点

1．参照点

应在未受事件污染区域设定 2～3 个背景参照点。

2．事件点

（1）固体抛洒污染型：在固体污染物抛洒污染现场，等清理现场后采集表层 5 cm 土样，采样点数不少于 3 个。

（2）液体倾翻污染型：液体污染物倾翻型污染事件中，污染物向低洼处流动的同时，还向土壤深度方向渗透并向两侧横向扩散，因此在每个点分层采样，事件发生点采样点较密，采样深度较深，离事件发生点较远处采样点较疏，采样深度较浅。采样点不少于 5 个。

（3）爆炸污染型：以放射性同心圆方式布点，采样点不少于 5 个，爆炸中心分层采样，爆炸周围表层土（0～20 cm）处采样。

3．敏感点

在可能受污染影响的农用地、居民点等敏感区域设置监测点。

二、点位编号

为保持监测点位的一致性、避免监测数据错乱并体现点位顺序的合理性，点位编号应遵循以下规则：

（1）监测点位与编号一一对应，在整个应急监测过程中，点位编号固定不变。

（2）点位编号按照空间顺序由小到大顺位编制。在更新监测方案时，如需在两个监测点之间增加监测点，编号首位使用较小数字，然后加 "-"，再加数字。例如在 $6^\#$ 与 $7^\#$ 点之间增加一个监测点位，编号应为 6-1，以此类推。

第五节　监测方法

突发环境污染事件现场应急监测方法应满足快速、准确、规范的基本要求。根据突发环境污染事件的类型、污染物种类和环境影响情况，综合考虑应急监测能力、现场监测条件以及监测方法优缺点，再根据不同应急阶段的监测需求，选择合适的监测方法。在满足环境应急处置需要的前提下，有多种应急监测方法可选时，应优先选择国家标准、行业标准及行业认可的监测方法，为突发环境污染事件的事后定性定级、司法鉴定以及环境损害评估等提供数据支撑，如有必要可留样送实验室分析。对于跨省突发环境污染事件，受影响地区应共同商定应急监测方法，确保监测数据互通互认；对多个环境监测队伍协同参与的突发环境污染事件，各监测方应选用经应急指挥部确定的应急监测方法。

一、样品采集

应急监测通常采集瞬时样品，采样量根据分析项目及分析方法确定，采样量还应满足留样要求；污染发生后，应首先采集污染源样品，注意采样的代表性；使用便携式仪器进行现场监测，必要时另采集一份样品送实验室分析测定，以获得准确的定性和定量结果；具体采样方法及采样量可参见表 3-8。

表 3-8　常用采样标准及查询网址

序号	标准名称及网址
1	《污水监测技术规范》（HJ 91.1—2019） http://www.mee.gov.cn/ywgz/fgbz/bz/bzwb/jcffbz/201912/W020191227499037308984.pdf
2	《地表水和污水监测技术规范》（HJ/T 91—2002） http://www.mee.gov.cn/image20010518/3589.pdf
3	《地下水环境监测技术规范》（HJ 164—2020） http://www.mee.gov.cn/ywgz/fgbz/bz/bzwb/jcffbz/202012/W0202012036084 73632069.pdf
4	《水质 采样技术指导》（HJ 494—2009） http://www.mee.gov.cn/ywgz/fgbz/bz/bzwb/jcffbz/200910/W020111114543133505806.pdf
5	《水质 样品的保存和管理技术规定》（HJ 493—2009） http://www.mee.gov.cn/ywgz/fgbz/bz/bzwb/jcffbz/200910/W020111114540735543139.pdf
6	《水质 采样方案设计技术规定》（HJ 495—2009） http://www.mee.gov.cn/ywgz/fgbz/bz/bzwb/jcffbz/200910/W020111114546111889133.pdf
7	《近岸海域环境监测点位布设技术规范》（HJ 730—2014） http://www.mee.gov.cn/ywgz/fgbz/bz/bzwb/jcffbz/201412/W0201412295290089618538.pdf

序号	标准名称及网址
8	《环境空气质量手工监测技术规范》（HJ 194—2017） http://www.mee.gov.cn/ywgz/fgbz/bz/bzwb/jcffbz/201801/W020180108573132220085.pdf
9	《大气污染物无组织排放监测技术导则》（HJ/T 55—2000） http://www.mee.gov.cn/image20010518/2332.pdf
10	《恶臭污染环境监测技术规范》（HJ 905—2017） http://www.mee.gov.cn/ywgz/fgbz/bz/bzwb/jcffbz/201801/W020180108588562980932.pdf
11	《土壤环境监测技术规范》（HJ/T 166—2004） http://www.mee.gov.cn/image20010518/5406.pdf

二、样品分析

应急监测须在最短的时间内，采用最合适、最简单的分析方法获得最准确的环境监测数据，在此过程中应遵循以下原则：

（1）为迅速查明突发环境污染事件污染物的种类（或名称）、污染程度、污染范围及发展趋势，在已有调查资料的基础上，充分利用现场快速监测方法和实验室现有的分析方法进行鉴别、确认。

（2）为快速监测突发环境污染事件的污染物，可采用检测试纸、快速检测管和便携式监测仪器等监测方法；也可利用现有的空气自动监测站、水质自动监测站和污染源在线监测系统等在用的监测方法和现行实验室分析方法。

（3）快速送实验室进行确认、鉴别，实验室应优先采用国家环境保护标准或行业标准。

（4）上述分析方法不能满足要求时，可根据各地具体情况和仪器设备条件，选用其他合适的方法，如 ISO、美国 EPA、日本 JIS 等的分析方法。

　　部分常见的便携式应急监测仪器名称、监测项目、适用范围及优缺点可参见表 3-9 和表 3-10。

表 3-9　推荐常见污染物应急监测方法

环境空气应急监测方法		
无机污染物	无机气体	电化学传感器法、便携式傅里叶红外仪法、检测管法
	汞蒸气	便携式测汞仪分析法
有机污染物	甲醛	电化学传感器法、检测管法
	挥发性有机物	便携式气相色谱-质谱联用分析法、便携式气相色谱法、便携式傅里叶红外仪法、便携式 FID+PID 检测法、便携式红外成像分析法
水环境应急监测方法		
常规项目	pH	电极法、试纸法
	浊度	浊度计法、散射法
	电导率、溶解氧、氟化物、余氯	电极法、半定量比色卡法（氟化物、余氯）
	COD、氨氮、总磷、总氮、氰化物	便携式分光光度法、流动注射分光光度法、连续流动分光光度法、顺序注射比色法、半定量比色卡法、现场快速分光光度法
	硫化物、挥发酚、LAS	便携式比色法、半定量比色卡法、流动注射分光光度法、顺序注射比色法、连续流动分光光度法、气相分子吸收光谱法（硫化物）、现场快速分光光度法
金属	铁、钴、镍、铜、锌、铅、镉、铬、锰、铍、银、铊、锑、铋、钼、钒、铝、钡、砷、硒、汞	车载电感耦合等离子体原子质谱法（ICP-MS）、车载电感耦合等离子体发射光谱法（ICP-OES）、便携式比色法、半定量比色卡法、顺序注射比色法、阳极溶出伏安法（铜、锌、铅、镉）、便携式分光光度法、便携式比色法、半定量比色卡法、顺序注射比色法（六价铬、铁、锰、镍、砷）、便携式原子荧光法（砷、汞、硒、锑、铋）、便携式测汞仪分析法（汞）

水环境应急监测方法		
有机污染物	石油类	便携红外/紫外分光光度法
	挥发性有机物	便携式气相色谱-质谱联用分析法（顶空/吹扫捕集）、便携式气相色谱法
	半挥发性有机物	便携式气相色谱-质谱联用分析法（固相微萃取）、便携式气相色谱法
生物指标	生物综合毒性	发光细菌法
	粪大肠菌群	酶底物法
土壤、沉积物及固体废物应急监测方法		
金属及其化合物		便携 X-荧光光谱法、车载电感耦合等离子体原子质谱法（ICP-MS）、车载电感耦合等离子体发射光谱法（ICP-OES）、便携式测汞仪分析法（汞）、便携式激光诱导击穿光谱法（LIBS）
挥发性有机污染物		便携式气相色谱-质谱联用分析法（顶空/吹扫捕集/固相微萃取）

表 3-10 常用应急监测方法适用范围和优缺点

方法类型		适用范围	方法特点
电化学法	电化学传感器法	气：H_2S、Cl_2、HCl、HCN、光气等	优点：快速、操作简单、携带方便。缺点：检出限较高，部分物质存在干扰，定期需要更换
	阳极溶出伏安法	水：铜、铅、锌、镉等重金属	优点：检出限相对比色法较低、携带方便。缺点：检测元素种类有限，操作复杂
	电极法	水：pH、电导率、溶解氧、氯离子、氟化物等	优点：快速、操作简单、携带方便。缺点：部分不能准确定量，部分物质存在干扰，电极需定期更换
光谱分析法	便携式分光光度法（紫外-可见）	水：COD、氨氮、总磷、部分金属离子等	优点：便于携带，可测定多种元素。缺点：部分物质检出限较高
	流动注射分光光度法	水：COD_{Mn}、氨氮、总磷、总氮、硫化物、挥发酚、LAS等	优点：分析速度快，分析精密度高，可测定多种元素。缺点：标准曲线现场制作，专业性较强

方法类型		适用范围	方法特点
光谱分析法	连续流动分光光度法	水：COD、氨氮、总磷、硫化物、挥发酚、LAS等	优点：准确度较高，可测定多种元素。 缺点：操作相对复杂，专业性较强
	现场快速分光光度法	水：COD、氨氮、总磷、总氮、硫化物、挥发酚、LAS等	优点：准确度较高。 缺点：分析时间慢，单个元素单个仪表，操作专业性较强
	便携红外分光光度法	水：石油类等。 气：CO、CO_2等	优点：准确度较高，分析速度相对较快。 缺点：操作专业性较强
	便携式傅里叶红外仪法	水：有机污染物。 气：HCN、HCl、CO、苯、甲苯、苯乙烯等	优点：适用范围广，携带方便。 缺点：检出限高，操作专业性较强
	便携式测汞仪分析法	水、气、土：汞	优点：检出限低，携带方便。 缺点：目标物单一
	便携式原子荧光法	水：砷、汞、硒、锑、铋	优点：检出限低，准确度较高，分析速度相对较快。 缺点：检测元素种类有限
	便携X-荧光光谱法	土壤和固体样品：金属元素	优点：制样简单，测定快速，携带方便，可同时测定多种元素，非破坏分析。 缺点：部分元素检出限较高，易受其他元素干扰影响
	便携式激光诱导击穿光谱仪（LIBS）	土壤和固体样品：金属元素	优点：无须制样，秒级出数，携带方便，可同时测定多种元素（包括C、Li等）。 缺点：部分元素检出限较高
	车载电感耦合等离子体发射光谱法（ICP-OES）	水、气、土：绝大多数金属和部分非金属元素	优点：可多元素同时分析，干扰少，稳定度好，灵敏度高，准确度高，易维护。 缺点：操作专业性较强，体积大，不易携带，使用条件要求较高

	方法类型	适用范围	方法特点
色谱分析法	便携式气相色谱法	水、气：VOCs 和 SVOCs 的监测	优点：分离效果好，灵敏度高，应用范围广。 缺点：对于未知物质难以定性
仪器联用技术	便携式气相色谱-质谱联用分析法	水、气、土：VOCs 和 SVOCs 的监测	优点：灵敏度高、选择性好、准确度高。 缺点：操作相对复杂
	车载电感耦合等离子体原子质谱法（ICP-MS）	水、气、土：绝大多数金属和部分非金属元素	优点：可多元素同时分析，定性准确，干扰少，稳定度好，检出限低，准确度高。 缺点：操作相对复杂，体积大，不易携带，使用条件要求较高
微生物法	发光细菌法	水：生物综合毒性的检测	优点：能快速检测水质生物急性毒性。 缺点：不能对目标污染物定性，灵敏度较低，维护成本较高
	酶底物法	水：粪大肠菌群的检测	优点：方便、准确，手工操作步骤简单。 缺点：检测周期较长
	试纸法	水：pH	优点：成本低廉、检测速度快、操作简单、携带方便，具有一定的灵敏性和专一性。 缺点：检出限较高，不能准确定量，部分物质存在干扰
	检测管法	气：CO、Cl₂、H₂S、氨气、光气等	优点：快速、操作简单、携带方便。 缺点：不能准确定量，部分物质存在干扰

第六节 评价标准

按应急监测评价对象，评价标准可分为环境质量标准和污染物排放标准。其中，环境质量标准适用于学校、医院、居民区等环境敏感点以及自然生态环境；污染物排放标准适用于企业排污口、厂界和污水暂存池等。对国家标准、行业标准或地方标准未涵盖的污染物，可视情况参考卫生、安全等部门的相关标准和国外、国际标准。

一、环境质量标准

（一）空气质量评价

优先选用《环境空气质量标准》（GB 3095—2012），学校、医院、居民区等敏感点可选用《室内空气质量标准》（GB/T 18883—2002）。前述标准未涵盖的污染物可参考《环境影响评价技术导则　大气环境》（HJ 2.2—2018）附录 D，建议去除苏联的污染物参考标准，改为国家职业卫生标准《工作场所有害因素职业接触限值　第 1 部分：化学有害因素》（GBZ 2.1—2019）或国家标准《民用建筑工程室内环境污染控制标准》（GB 50325—2020）。其他污染物参考上风向背景参照点进行评价。

（二）地表水质量评价

优先选用《地表水环境质量标准》（GB 3838—2002）。对前述标准未涵盖的污染物，可参考《生活饮用水卫生标准》（GB 5749—2006），其他污染物参考背景参照点进行评价。对跨境河流（湖泊），应同时参考上下游国家（地区）的相关地表水环境质量标准进行评价；对未划定功能区类别的水体，参考《地表水环境质量标准》（GB 3838—2002）Ⅴ类标准限值对监测结果进行评价；对非生活饮用地表水，补充项目和特定项目监测结果参考参照点结果评价或不作评价。

（三）土壤环境质量评价

根据土地利用类型，选择相关评价标准中的污染物标准限值，相关标准有：《食用农产品产地环境质量评价标准》（HJ/T 332—2006）、《温室蔬菜产地环境质量评价标准》（HJ/T 333—2006）、《土壤环境质量　建设用地土壤污染风险管控标准（试行）》（GB 36600—2018）、《土壤环境质量　农用地土壤污染风险管控标准（试行）》（GB 15618—2018）。对前述标准未涵盖的污染物，可参考背景参照点进行评价。

（四）地下水质量评价

优先选用《地下水质量标准》（GB/T 14848—2017）。对前述标准未涵盖的污染物，可参考背景参照点进行评价。

二、污染物排放标准

（一）大气污染物无组织排放评价

优先执行污染物排放的地方标准和行业标准。对前述标准未涵盖的污染物，执行《大气污染物综合排放标准》（GB 16297—1996）及《恶臭污染物排放标准》（GB 14554—1993）。对无相关评价标准的污染物，参考上风向背景参照点进行评价。

（二）水污染物排放评价

优先执行污染物排放的地方标准和行业标准。对前述标准未涵盖的污染物，执行《污水综合排放标准》（GB 8978—1996）。

三、其他情形

（一）关于是否需要疏散人员

评价目标为评估有毒有害气体对人体的影响。评价标准为《化工企业定量风险评价导则》（AQ/T 3046—2013）附录H。污染物浓度标准低于ERPG-1限值时属于安全状态，大于ERPG-1限值、小于ERPG-2限值时应采取必要防护措施，大于ERPG-2限值、小于ERPG-3限值时视现场情况建议疏散人员，大于ERPG-3限值时应强制疏散人员。

（二）关于环境质量异常调查

如有不明原因的环境质量异常情况，应开展环境监测和调查，参考环境质量标准进行评价，及时公开调查结果。

《环境影响评价技术导则 大气环境》（HJ 2.2—2018）附录 D 相关标准限值见表 3-11，苏联《居民区大气中有害物质的最大允许浓度》及补充内容见表 3-12 和表 3-13，《化工企业定量风险评价导则》（AQ/T 3046—2013）附录 H 标准限值见表 3-14。

表 3-11 《环境影响评价技术导则 大气环境》附录 D

序号	污染物名称	标准值/（μg/m³）		
		1 h 平均	8 h 平均	日平均
1	氨	200	—	—
2	苯	110	—	—
3	苯胺	100	—	30

序号	污染物名称	标准值/（μg/m³）		
		1 h 平均	8 h 平均	日平均
4	苯乙烯	10	—	—
5	吡啶	80	—	—
6	丙酮	800	—	—
7	丙烯腈	50	—	—
8	丙烯醛	100	—	—
9	二甲苯	200	—	—
10	二硫化碳	40	—	—
11	环氧氯丙烷	200	—	—
12	甲苯	200	—	—
13	甲醇	3 000	—	1 000
14	甲醛	50	—	—
15	硫化氢	10	—	—
16	硫酸	300	—	100
17	氯	100	—	30
18	氯丁二烯	100	—	—
19	氯化氢	50	—	15
20	锰及其化合物（以 MnO₂ 计）	—	—	10
21	五氧化二磷	150	—	50
22	硝基苯	10	—	—
23	乙醛	10	—	—
24	总挥发有机物	—	600	—

表 3-12　苏联《居民区大气中有害物质的最大允许浓度》

序号	物质	最大允许浓度/（mg/m³）	
		最大一次	昼夜平均
1	二氧化氮	0.085	0.085
2	硝酸：以 HNO₃ 分子计	0.4	0.4
	以氢离子计	0.006	0.006
3	丙烯醛	0.03	0.03

序号	物质	最大允许浓度/（mg/m³）	
		最大一次	昼夜平均
4	α-甲基苯乙烯	0.04	0.04
5	α-萘醌	0.005	0.005
6	醋酸戊酮	0.1	0.1
7	戊酮	1.5	1.5
8	氨	0.2	0.2
9	苯胺	0.05	0.05
10	乙醛	0.01	0.01
11	丙酮	0.35	0.35
12	苯乙酮	0.003	0.003
13	苯	1.5	1.5
14	汽油（低硫石油气，以 C 计）	5	1.5
15	页岩汽油（以 C 计）	0.05	0.05
16	丁烷	200	—
17	醋酸丁酯	0.1	0.1
18	丁烯	3	3
19	丁醇	0.1	—
20	三硫代磷酸三丁酯	0.01	0.01
21	戊酸	0.03	0.03
22	五氧化二钒	—	0.002
23	醋酸乙烯酯	0.15	0.15
24	己二胺	0.001	0.001
25	六氯苯	0.03	0.03
26	丁二烯	3	1
27	二聚乙烯酮	0.007	—
28	二甲基苯胺	0.005 5	0.005 5
29	二甲硫醚	0.08	—
30	二甲胺	0.005	0.005
31	二甲二硫醚	0.07	—
32	二甲基甲酰胺	0.03	0.03
33	二尼尔	0.01	0.01
34	二氯乙烷	3	1
35	2,3-二氯-1,4-萘醌	0.05	0.05

序号	物质	最大允许浓度/（mg/m³）	
		最大一次	昼夜平均
36	二乙胺	0.05	0.05
37	异丙苯	0.014	0.014
38	异辛醇	0.15	—
39	异丙苯过酸	0.007	0.007
40	异丙醇	0.6	0.6
41	己内酰胺（蒸气，气溶胶）	0.06	0.06
42	己酸	0.1	0.005
43	四〇四九（碳福斯）	0.015	—
44	二甲苯	0.2	0.2
45	二甲硫吸磷（M-81）	0.001	0.001
46	马来酐（蒸气，气溶胶）	0.2	0.05
47	锰及其化合物（以 MnO_2 计）	—	0.01
48	丁酸	0.015	0.01
49	2,4,6-三甲基苯胺	0.003	0.003
50	甲醇	1	0.5
51	甲基一六〇五	0.008	—
52	异氰酸间氯苯酯	0.005	0.005
53	丙烯酸甲酯	0.01	0.01
54	醋酸甲酯	0.07	0.07
55	甲基硫醇	9×10^{-6}	—
56	甲基丙烯酸甲酯	0.1	0.1
57	甲基苯胺	0.04	0.04
58	乙胺	0.01	0.01
59	砷（除砷化氢外的无机化合物，以 As 计）	—	0.003
60	萘	0.003	0.003
61	硝基苯	0.008	0.008
62	硝基氯苯（对位和邻位）	—	0.004
63	对氯苯胺	0.04	0.01
64	异氰酸对氯苯酯	0.001 5	0.001 5
65	戊烷	100	25
66	吡啶	0.08	0.08
67	丙烯	3	3

序号	物质	最大允许浓度/（mg/m³）	
		最大一次	昼夜平均
68	丙烯醇	0.3	0.3
69	无毒粉尘	0.15	0.15
70	金属汞	—	0.000 3
71	烟黑	0.15	0.05
72	铅及其化合物（除四乙基铅外，其他以 Pb 计）	—	0.000 7
73	硫化铅	—	0.001 7
74	硫酸：以 H₂SO₄ 分子计	0.3	0.1
	以氢离子计	0.006	0.002
75	二氧化硫	0.5	0.05
76	硫化氢	0.008	0.008
77	二硫化碳	0.03	0.005
78	氢氰酸	—	0.01
79	盐酸：以 HCl 分子计	0.2	0.2
	以氢离子计	0.006	0.006
80	苯乙烯	0.003	0.003
81	四氢呋喃	0.2	0.2
82	噻吩	0.6	—
83	二异氰酸甲苯酯	0.05	0.02
84	甲苯	0.6	0.6
85	三乙胺	0.14	0.14
86	三氯乙烯	4	1
87	一氧化碳	3	1
88	四氯化碳	4	2
89	醋酸	0.2	0.06
90	醋酸酐	0.1	0.03
91	酚	0.01	0.01
92	甲醛	0.035	0.012
93	磷酸酐	0.15	0.05
94	邻苯二甲酸酐（蒸气，气溶胶）	0.1	0.1

序号	物质	最大允许浓度/（mg/m³）	
		最大一次	昼夜平均
95	氟化物（以 F 计），气态氟化物（HF，SiF$_4$）	0.02	0.005
	易溶无机氟化物（NaF，Na$_2$SiF$_6$）	0.03	0.01
	难溶无机氟化物（AlF$_3$，Na$_3$AlF$_6$，CaF$_2$）	0.2	0.03
	当气态氟和氟盐共存时	0.03	0.01
96	糠醛	0.05	0.05
97	氯	0.1	0.03
98	氯苯	0.1	0.1
99	氯丁二烯	0.1	0.1
100	间氯苯胺	—	0.01
101	敌百虫	0.04	0.02
102	金霉素（畜用）	0.05	0.05
103	六价铬（以 CrO$_3$ 计）	0.001 5	0.001 5
104	环己烷	1.4	1.4
105	环己酮	0.06	0.06
106	环己醇	0.04	—
107	环己酮肟	0.1	—
108	环氧氯丙烷	0.2	0.2
109	乙醇	5	5
110	醋酸乙酯	0.1	0.1
111	乙基苯	0.02	0.02
112	乙烯	3	3
113	环氧乙烯	0.3	0.03
114	乙撑亚胺	0.001	0.001

苏联建工部决定自 1974 年 1 月 16 日起，对《居民区大气中有害物质的最大允许浓度》作如下补充：

表 3-13 苏联《居民区大气中有害物质的最大允许浓度》补充内容

序号	物质	最大允许浓度/（mg/m³）	
		最大一次	昼夜平均
1	氟利昂-11	100	10
2	氟利昂-12	100	10
3	氟利昂-21	100	10
4	氟利昂-22	100	10
5	高级脂肪胺（$C_{16} \sim C_{20}$）	0.003	0.003
6	敌螨丹	0.2	0.1
7	三甲基苯酚	0.005	0.005
8	苯甲酸安替比林	—	0.001
9	异辛醇	0.15	0.15
10	青霉素	0.05	0.002 5
11	氧四环素	0.01	—
12	四环素	0.01	0.006
13	四环素盐酸盐	0.01	
14	杰扑来姆	0.002	—
15	硫代乙二醇	0.07	0.07
16	硫化乙烯	0.5	
17	β-二乙胺基乙硫醇	0.6	0.6

《化工企业定量风险评价导则》（AQ/T 3046—2013）附录 H 相关内容如下。

ERPG-1：空气中的最高浓度低于该值时，就可以认为，若所有人都暴露于其中 1 h，除了轻微的、短暂的有害健康的影响或明显闻到令人反感的气味，其他没有受到影响。ERPG-2：空气中的最高浓度低于该值时，就可以认为，若所有人都暴露于其中 1 h，不会逐步显示出不可逆转或其他严重的健康影响或者削弱暴露其中的人采取防护行动的能力。ERPG-3：空气中的最高浓度低于该值时，就可以认为，若所有人都暴露于其中 1 h，不会逐步显示出危及生命健康的影响。

表3-14　《化工企业定量风险评价导则》附录 H

(除单位注明，ERPG 值的单位均为 1×10⁻⁶)

序号	污染物	化学式	分子量	ERPG/10^{-6}			体积分数（1×10^{-6}）转化为 mg/m³ 系数
				ERPG-1	ERPG-2	ERPG-3	
1	1,1-二氯乙烯	$C_2H_2Cl_2$	96.94	ID	500	1 000	3.96
2	1,2-二氯乙烯	$C_2H_2Cl_2$	96.95	140	500	850	3.96
3	1,3-丁二烯	C_4H_6	54.09	10	50	5 000	2.21
4	1,1,1,2-四氟-2-氯乙烷	C_2HClF_4	136.48	1 000	5 000	10 000	5.58
5	1,1-二氟乙烷	$C_2H_4F_2$	66.06	10 000	15 000	25 000	2.7
6	1,2-二氯乙烷	$C_2H_4Cl_2$	98.96	50	200	300	4.04
7	1-己烯	C_6H_{12}	84.158	NA	500	5 000	3.44
8	1-辛烯	C_8H_{16}	112.22	40ᵃ	800ᵇ	2 000	4.59
9	2,4-二氯酚	$C_6H_4Cl_2O$	163	0.2	2	20	6.66
10	2,2-二氯-1,1,1-三氟乙烷	$C_2HCl_2F_3$	152.93	ID	1 000	10 000	6.25
11	1-丁烯醛	C_4H_6O	70.09	2	10	50	2.86
12	2-丁烯醛	C_4H_6O	70.1	2	10	50	2.87
13	2-异丙基丙烯酸氰乙酯	$C_6H_7NO_2$	167.13	NA	0.1	1	6.83
14	N,N-二甲基甲酰胺	C_3H_7NO	73.09	2	100	200	2.99

序号	污染物	化学式	分子量	ERPG/1×10^{-6}			体积分数（1×10^{-6}）转化为 mg/m^3 系数
				ERPG-1	ERPG-2	ERPG-3	
15	氨	NH_3	17.031	26	200	1 000	0.7
16	八氧化三铀	U_3O_8	842.08	ID	10 mg/m^3	50 mg/m^3	34.42
17	苯	C_6H_6	78.112	50	150	1 000	3.19
18	苯酚	C_6H_6O	94.11	10	50	200	3.85
19	苯甲酰氯	C_7H_5ClO	140.57	0.3	5	20	5.75
20	苯乙酮	C_8H_8O	120.149	30	330	2 000	4.91
21	苯乙烯	C_8H_8	104.15	50	250	1 000	4.26
22	表氯醇/3-氯-1,2-环氧丙烷	C_3H_5ClO	92.53	5	20	100	3.78
23	丙酮	C_3H_6O	58.08	200	3 200	5 700	2.37
24	丙烯基氯	C_3H_5Cl	76.53	3	40	300	3.13
25	丙烯腈	C_3H_3N	53.063	NA	35	75	2.17
26	丙烯醛	C_3H_4O	56.063	0.1	0.5	3	2.29
27	丙烯酸	$C_3H_4O_2$	72.06	2	50	750	2.95
28	丙烯酸丁酯	$C_7H_{12}O_2$	128.17	0.05	25	250	5.24
29	丙烯酸乙酯	$C_5H_8O_2$	100.12	0.01	30	300	4.09
30	丙烯酰胺	C_3H_5NO	71.078	0.09	44	100	2.91
31	丙烯酰氯	C_3H_3ClO	90.51	0.022	0.24	0.87	3.70
32	碘	I_2	253.81	0.1	0.5	5	10.37

序号	污染物	化学式	分子量	ERPG/1×10⁻⁶			体积分数（1×10⁻⁶）转化为 mg/m³ 系数
				ERPG-1	ERPG-2	ERPG-3	
33	碘酸	HIO_3	175.91	0.15	1.7	10	7.19
34	丁烯二酸酐	$C_4H_2O_3$	98.06	0.2	2	20	4.01
35	菌	$C_{12}H_{10}$	154.22	3.6	40	240	6.30
36	菌烯	$C_{12}H_8$	152.19	10	110	660	6.22
37	二苯胺氯胂	$C_{12}H_9AsClN$	277.59	0.016	2.6	6.4	11.35
38	二苯甲撑二异氰酸酯	$C_{15}H_{10}N_2O_2$	250.25	0.2 mg/m³	2 mg/m³	25 mg/m³	10.23
39	二甲胺	C_2H_7N	45.08	1	100	500	1.84
40	二甲基二硫醚	$C_2H_6S_2$	94.2	0.01	50	250	3.85
41	二甲基氯硅烷	C_2H_7ClSi	94.62	0.8	5	25	3.87
42	二甲硫醚	C_2H_6S	62.13	0.5	1 000	5 000	2.54
43	二聚环戊二烯	$C_{10}H_{12}$	132.22	0.01	5	75	5.4
44	二硫化碳	CS_2	76.14	1	50	500	3.11
45	二氯甲醚	$C_2H_4Cl_2O$	114.96	ID	0.1	0.5	4.7
46	二氯甲烷	CH_2Cl_2	84.93	200	750	4 000	3.47
47	二氧化氮	NO_2	46.01	1	15	30	1.88
48	二氧化硫	SO_2	64.06	0.3	3	15	2.62
49	二氧化氯	ClO_2	67.45	NA	0.5	3	2.76
50	二氧化铀	UO_2	270.03	ID	10 mg/m³	30 mg/m³	11.04
51	二乙基苯	$C_{10}H_{14}$	134.24	10	100	500	5.49

序号	污染物	化学式	分子量	ERPG/1×10⁻⁶			体积分数（1×10⁻⁶）转化为 mg/m³ 系数
				ERPG-1	ERPG-2	ERPG-3	
52	呋喃甲醛	$C_5H_4O_2$	96.09	2	10	100	3.93
53	氟化氢	HF	20.01	2	20	20	0.82
54	氟气	F_2	38	0.5	5	20	1.55
55	汞	Hg	200.59	NA	0.25	0.5	8.2
56	光气	CCl_2O	98.92	NA	0.2	1	4.04
57	过氧化氢	H_2O_2	34.02	10	50	100	1.39
58	环氧丙烷	C_3H_6O	58.08	50 mg/m³	250 mg/m³	750 mg/m³	2.37
59	环氧乙烷	C_2H_4O	44.05	NA	50	500	1.8
60	磺酸	H_2SO_3	82.08	2	10	30	3.35
61	己二腈	$C_6H_8N_2$	108.16	0.35	3.8	8.1	4.42
62	甲苯	C_7H_8	92.14	50	300	1 000	3.77
63	甲苯-2,4-二异氰酸酯	$C_9H_6N_2O_2$	174.16	0.01	0.15	0.6	7.12
64	甲苯-2,6-二异氰酸酯	$C_9H_6N_2O_2$	174.17	0.020	0.083	0.51	7.12
65	甲醇	CH_4O	32.04	200	1 000	5 000	1.31
66	甲基丙烯酸异氰基乙酯	$C_7H_9NO_3$	155.15	ID	0.1	1	6.34
67	甲基三氯硅烷	CH_3Cl_3Si	149.48	0.5	3	15	6.11
68	甲基异氰酸酯	C_2H_3NO	57.05	0.025	0.35	1.5	2.33
69	甲硫醇	CH_4S	48.11	0.005	25	100	1.97
70	甲醛	CH_2O	30.03	1	10	25	1.23

序号	污染物	化学式	分子量	ERPG/1×10⁻⁶			体积分数（1×10⁻⁶）转化为 mg/m³ 系数
				ERPG-1	ERPG-2	ERPG-3	
71	邻氯苯叉缩丙二腈	$C_{10}H_5ClN_2$	188.62	0.005 mg/m³	0.1 mg/m³	25 mg/m³	7.71
72	磷化氢	PH_3	34	NA	0.5	5	1.39
73	硫化氢	H_2S	34.08	0.1	30	100	1.39
74	六氟-1,3-丁二烯	C_4F_6	162.033 2	1	3	10	6.62
75	六氟化溴	BrF_6^+	193.896	5 mg/m³	15 mg/m³	30 mg/m³	7.92
76	六氟化铀	F_6U	352.02	5 mg/m³	15 mg/m³	30 mg/m³	14.39
77	六氟环丙烷/六氟丙烯	C_3F_6	150.02	10	50	500	6.13
78	六氯丙酮	C_3Cl_6O	264.73	NA	1	50	10.82
79	六氯丁二烯	C_4Cl_6	260.76	3	10	30	10.66
80	氯苯	C_6H_5Cl	112.56	1	10	25	4.6
81	氯化铍	$BeCl_2$	79.91	0.02	0.22	0.89	3.27
82	氯化氢	HCl	36.46	3	20	100	1.49
83	氯化氰	$CClN$	61.47	NA	0.4	4	2.51
84	氯化亚砜	Cl_2SO	118.96	0.2	2	10	4.86
85	氯磺酸	$ClHSO_3$	116.52	2 mg/m³	10 mg/m³	30 mg/m³	4.76
86	氯甲基甲醚	C_2H_5ClO	80.51	NA	1	10	3.29
87	氯甲酸甲酯	$C_2H_3ClO_2$	94.5	NA	2	5	3.86
88	氯甲酸乙酯	$C_3H_5ClO_2$	108.53	ID	5	10	4.44

序号	污染物	化学式	分子量	ERPG/$1×10^{-6}$			体积分数（$1×10^{-6}$）转化系数为 mg/m^3
				ERPG-1	ERPG-2	ERPG-3	
89	氯甲酸异丙酯	$C_4H_7ClO_2$	122.56	ID	5	20	5.01
90	氯甲烷	CH_3Cl	50.49	NA	400	1 000	2.06
91	氯气	Cl_2	70.906	1	3	20	2.9
92	氯乙烯	C_2H_3Cl	62.5	500	5 000	20 000	2.55
93	氯乙酰氯	$C_2H_2Cl_2O$	112.94	0.1	1	10	4.62
94	铍	Be	9.01	NA	25 mg/m^3	100 mg/m^3	0.37
95	氢化锂	LiH	7.95	25 $μg/m^3$	100 $μg/m^3$	500 $μg/m^3$	0.32
96	氢氧化钠	NaOH	40	0.5 mg/m^3	5 mg/m^3	50 mg/m^3	1.63
97	氰化氢	HCN	27.03	NA	15	25	1.1
98	全氟异丁烯	C_4F_8	200.03	NA	0.1	0.3	8.18
99	三氟化氮	NF_3	71.01	NA	400	800	2.9
100	三氟化氯	ClF_3	92.45	0.1	1	10	3.78
101	三氟化硼	BF_3	67.81	2 mg/m^3	30 mg/m^3	100 mg/m^3	2.77
102	三氟甲烷	CHF_3	70.02	NA	50	5 000	2.86
103	三氟氯乙烯	C_2ClF_3	116.47	20	100	300	4.76
104	三甲胺	C_3H_9N	59.11	0.1	100	500	2.42
105	三甲基氯硅烷	C_3H_9ClSi	108.66	3	20	150	4.44
106	三甲氧基甲硅烷	$C_3H_{10}O_3Si$	122.2	0.5	2	5	4.99
107	三氯硅烷	HCl_3Si	135.45	1	3	25	5.54

序号	污染物	化学式	分子量	ERPG/1×10^{-6}			体积分数（1×10^{-6}）为 mg/m^3 转化系数
				ERPG-1	ERPG-2	ERPG-3	
108	三氯化磷	PCl_3	137.32	0.5	3	15	5.61
109	三氯硝基甲烷	CCl_3NO_2	164.38	NA	0.2	3	6.72
110	三氯乙烷	$C_2H_3Cl_3$	133.4	350	700	3 500	5.45
111	三氯乙烯	C_2HCl_3	131.39	100	500	5 000	5.37
112	三氧化铀	UO_3	286.03	ID	0.5 mg/m^3	3 mg/m^3	11.69
113	三乙氧基硅烷	$C_6H_{16}O_3Si$	164.28	0.5	4	10	6.71
114	砷化氢	AsH_3	77.95	NA	0.5	1.5	3.19
115	双烯酮	$C_4H_4O_2$	84.07	1	5	20	3.44
116	四氟乙烯	C_2F_4	100.02	200	1 000	10 000	4.09
117	四氯化硅	$SiCl_4$	169.89	0.75	5	37	6.94
118	四氯化钛	$TiCl_4$	189.68	5 mg/m^3	300 mg/m^3	1 000 mg/m^3	7.75
119	四氯化碳	CCl_4	153.82	20	100	750	6.29
120	四氯乙烯	C_2Cl_4	165.83	100	200	1 000	6.78
121	四氢呋喃	C_4H_8O	72.11	100	500	5 000	2.95
122	四水合醋酸锰盐	$H_6C_4O_4Mn \cdot 4H_2O$	245.12	13	22	740	10.02
123	锑化氢	SbH_3	124.78	ID	0.5	1.5	5.1
124	无水肼	H_4N_2	32.05	0.5	5	30	1.31
125	五氧化二磷	P_2O_5	141.95	5 mg/m^3	35 mg/m^3	100 mg/m^3	5.8

序号	污染物	化学式	分子量	ERPG/1×10⁻⁶			体积分数（1×10⁻⁶）转化为 mg/m³ 系数
				ERPG-1	ERPG-2	ERPG-3	
126	戊二醛	$C_5H_8O_2$	100.13	0.2	1	5	4.09
127	硒化氢	H_2Se	80.98	NA	0.2	2	3.31
128	硝酸	HNO_3	63.01	1	6	78	2.58
129	溴	Br_2	159.81	0.2	1	5	6.53
130	溴甲烷	CH_3Br	94.94	NA	50	200	3.88
131	亚乙基降冰片烯	C_9H_{12}	120.19	0.02	100	500	4.91
132	一甲胺	CH_5N	31.06	10	100	500	1.27
133	一氯二氟乙烷	$C_2H_3ClF_2$	100.5	1 000	15 000	25 000	4.11
134	一氧化碳	CO	28.01	200	350	500	1.14
135	乙腈	C_2H_3N	41.05	13	50	150	1.68
136	乙硼烷	B_2H_6	27.67	NA	1	3	1.13
137	乙醛	C_2H_4O	44.05	10	200	1 000	1.8
138	乙炔	C_2H_2	26.04	65 000	230 000	400 000	1.06
139	乙酸	$C_2H_4O_2$	60.05	5	35	250	2.45
140	乙酸丁酯	$C_6H_{12}O_2$	116.18	5	200	3 000	4.75
141	乙酸酐	$C_4H_6O_3$	102.1	0.5	15	100	4.17
142	乙酸乙烯酯	$C_4H_6O_2$	86.09	5	75	500	3.52
143	乙烯三氯硅烷	$C_2H_3Cl_3Si$	161.49	0.5	5	50	6.6
144	乙酰胺	C_2H_5NO	59.067	21	230	1 400	2.41

序号	污染物	化学式	分子量	ERPG/1×10⁻⁶			体积分数 (1×10⁻⁶) 转化为 mg/m³ 系数
				ERPG-1	ERPG-2	ERPG-3	
145	乙酰苯胺	C_8H_9NO	135.18	2	22	130	5.52
146	乙酰氯	C_2H_3ClO	78.5	0.85	9.4	56	3.21
147	乙酰氧基三苯基锡	$C_{20}H_{18}O_2Sn$	409.07	0.69	20	28	16.72
148	异丁腈	C_4H_7N	69.11	10	50	200	2.82
149	异氰酸丁酯	C_5H_9NO	99.13	0.01	0.05	1	4.05
150	异戊二烯	C_5H_8	68.13	5	1 000	4 000	2.78
151	异辛醇	$C_8H_{18}O$	130.228	0.1	100	200	5.32
152	正硅酸甲酯	$C_4H_{12}O_4Si$	152.22	NA	10	20	6.22
153	正硅酸乙酯	$C_8H_{20}O_4Si$	208.33	25	100	300	8.51

注：①NA 表示尚未分析；ID 表示数据不充分。

②a 表示 25%的最低爆炸下限；b 表示 10%的最低爆炸下限。

③上述物质的 ERPG 值由美国工业卫生协会于 2008 年 1 月 1 日公布，ERPG 值定期更新，宜使用最新的 ERPG 值。

其他一些常用标准可通过表 3-15 查询。

表 3-15 常用标准及查询网址

序号	标准名称及网址
1	《大气污染物综合排放标准》（GB 16297—1996） http://www.mee.gov.cn/image20010518/5302.pdf
2	《恶臭污染物排放标准》（GB 14554—93） http://www.mee.gov.cn/image20010518/5303.pdf
3	《污水综合排放标准》（GB 8978—1996） http://www.mee.gov.cn/ywgz/fgbz/bz/bzwb/shjbh/swrwpfbz/199801/W0200 61027521858212955. pdf
4	《环境空气质量标准》（GB 3095—2012） http://www.mee.gov.cn/ywgz/fgbz/bz/bzwb/dqhjbh/dqhjzlbz/201203/W0201 2041033023239 8521.pdf
5	《室内空气质量标准》（GB/T 18883—2002） http://www.mee.gov.cn/image20010518/5295.pdf
6	《水污染物排放限值》（DB 44/26—2001） http://gdee.gd.gov.cn/attachment/0/386/386657/2900349.pdf
7	《大气污染物排放限值》（DB 44/27—2001） http://gdee.gd.gov.cn/attachment/0/382/382560/2724359.pdf
8	《电镀污染物排放标准》（GB 21900—2008） http://www.mee.gov.cn/ywgz/fgbz/bz/bzwb/shjbh/swrwpfbz/200807/W0201 201055594055 20210.pdf
9	《地表水环境质量标准》（GB 3838—2002） http://www.mee.gov.cn/ywgz/fgbz/bz/bzwb/shjbh/shjzlbz/200206/W020061 02750989667 2057.pdf
10	《地下水质量标准》（GB/T 14848—2017） http://c.gb688.cn/bzgk/gb/showGb?type=online&hcno=F745E3023BD5B10 B9FB5314E0FF B5523
11	《生活饮用水卫生标准》（GB 5749—2006） http://www.gb688.cn/bzgk/gb/newGbInfo?hcno=73D81F4F3615DDB2C5B 1DD6BFC9DEC86
12	《农田灌溉水质标准》（GB 5084—2021） http://www.mee.gov.cn/ywgz/fgbz/bz/bzwb/shjlbh/shjlbz/202102/w2021020 9315825102153.pdf

序号	标准名称及网址
13	《海水水质标准》（GB 3097—1997） http://www.mee.gov.cn/ywgz/fgbz/bz/bzwb/shjzlbz/199807/W020061027511546974673.pdf
14	《纺织染整工业水污染物排放标准》（GB 4287—2012） http://www.mee.gov.cn/ywgz/fgbz/bz/bzwb/shjbh/swrwpfbz/201211/W020121116662298626393.pdf
15	《电镀水污染物排放标准》（DB 44/1597—2015） http://gdee.gd.gov.cn/attachment/0/386/386656/2900344.pdf
16	《土壤环境质量 农用地土壤污染风险管控标准（试行）》（GB 15618—2018） http://www.mee.gov.cn/ywgz/fgbz/bz/bzwb/trhj/201807/W020190626595212456114.pdf
17	《工作场所有害因素职业接触限值 第1部分：化学有害因素》（GB Z 2.1—2019） http://www.nhc.gov.cn/wjw/pyl/202003/67e0bad1fb4a46ff98455b5772523d49/files/285b4b9a6acc43e4af23675c37b3dcb0.pdf
18	《食用农产品产地环境质量评价标准》（HJ/T 332—2006） http://www.mee.gov.cn/ywgz/fgbz/bz/bzwb/stzl/200611/W0201112215302933367238.pdf
19	《温室蔬菜产地环境质量评价标准》（HJ/T 333—2006） http://www.mee.gov.cn/ywgz/fgbz/bz/bzwb/stzl/200611/W0201112215309338739315.pdf
20	《土壤环境质量 建设用地土壤污染风险管控标准（试行）》（GB 36600—2018） http://www.mee.gov.cn/ywgz/fgbz/bz/bzwb/trhj/201807/W0201906265961888930731.pdf

第七节　质量保证与质量控制

　　应急监测的质量保证及质量控制应覆盖突发环境污染事件应急监测全过程，重点关注方案中点位、项目、频次的设定，采样及现场监测、样品管理、实验室分析、数据处理和报告编制等关键环节。针对不同的突发环境污染事件类型和应急监测的不同阶段，应有不同的质量管理要求及质量控制措施。污染态势初步判别阶段的质量控制重点在于快速与及时，跟踪监测阶段的质量控制重点在于准确与全面。力求在最短的时间内，用最有效的方法获取最有用的监测数据和信息，既能满足应急工作的需要，又切实可行。

一、现场监测的质量保证和质量控制

（1）采样与现场监测人员须具备相关经验，能切实掌握突发环境污染事件布点采样技术，熟知采样器具的使用和样品采集（富集）、固定、保存、运输条件。

（2）对采样和现场监测仪器应进行日常的维护、保养，确保仪器设备保持正常状态，仪器离开实验室前应进行必要的检查。

（3）应急监测时，允许使用便携式仪器和非标准监测分析方法，可采用自校准或标准样品测定等方式进行质量控制。用试纸、快速检测管和便携式监测仪器进行定性时，若结果为未检出，则可基本排除该污染物；若结果为检出，则只能暂时判定为"疑是"，需再用不同原理的其他方法进行确认，若两种方法得出的结果基本一致，则结果可信，否则需继续核实或采样后送实验室分析确定。

（4）采样的其他质量保证措施可参照相应的监测技术规范执行。

二、样品管理的质量保证

（1）应保证样品从采集、保存、运输、分析到处置的全过程都有记录，确保样品管理处在受控状态。

（2）在采集和运输过程中应防止样品被污染及样品对环境造成的污染。选择适合的运输工具，运输过程中应采取必要的防震、防雨、防尘、防爆等防护措施，以保证人员和样品的安全。

三、实验室分析的质量保证和质量控制

（1）实验室分析人员须熟练掌握实验室相关分析仪器的操作使用方法和质控措施。

（2）对用于监测的各种计量器具，要按有关规定定期检定（校准），并在检定（校准）周期内进行期间核查。仪器设备应定期检查和维护保养，以保证其正常运转。

（3）实验用水要符合分析方法的要求，试剂和实验辅助材料应检验合格后才可投入使用。

（4）实验室采购服务应选择合格的供应商。

（5）实验室环境条件应满足分析方法要求，需控制温度、湿度等条件的实验室要配备相应设备，监控并记录环境条件。

（6）如需利用企业或非认证实验室开展样品测试，应通过比对实验、质控样测试等方法进行质控。

（7）实验室质量保证和质量控制的具体措施参照相应的技术规范执行。

四、应急监测报告的质量保证

（1）监测报告信息要完整，详见第五章内容。

（2）监测报告实行三级审核。

五、联合应急监测的质量保证及质量控制

对于跨省突发环境污染事件，受事件影响的上下游地区应共同商定应急监测方法，确保地区之间监测数据互通互认。对多个环境监测队伍协同参与的突发环境污染事件，各监测方应选用应急指挥部确定的统一的应急监测方法。

第四章 样品采集与分析

第一节 样品采集

一、人员配备

发生突发环境污染事件，应由监测指挥组第一时间调集本行政区域生态环境监测部门的人员开展监测工作，人员不足时可请求上级部门支援或协调社会环境监测机构进行补充，采样人员数量应确保可以昼夜轮换工作。水质采样、大气采样人员不交叉，每组采样人员负责适宜点位数量，完成采样立即送实验室分析。

对于重特大以上级别水环境应急监测，每个监测断面（点）配备2~4组采样人员，每组至少2人，每组至少配备1辆样品运输车。对于交通不便的采样断面（点），可根据实际情况适当增加采样人员及样品运输车辆。

二、采样准备与实施

1. 现场勘查

采样人员到达事故现场后，第一时间开展现场勘查，全面核实并掌握突发环境污染事件现状，包括污染源情况，环境敏感目标受影响及应对情况，应急处置工程措施选址、实施情况，水文、气象参数，适合的采样布点位置等。现场勘查人员须及时将勘查到的信息反馈给监测方案编制人员（综合组）。

2．熟悉监测方案

现场监测组人员拿到监测方案后，应重点了解点位布设、监测频次及时间、采样方法、监测项目、采样人员及分工、现场分析项目、使用的仪器设备、质控措施等内容，按照监测方案进行样品采集。

3．采样器材准备

采样器材主要指采样器和样品容器，常见的器材材质及洗涤要求可参照相应的水、大气和土壤监测技术规范，有条件的应专门配备一套用于应急监测的采样设备。此外，还可以利用当地的水质自动在线监测设备或大气自动在线监测设备进行采样。

4．采样方法及采样量的确定

（1）应急监测通常采集瞬时样品，采样量根据分析项目及分析方法确定，采样量还应满足留样要求。

（2）污染事件发生后，应首先采集污染源样品，注意采样的代表性。

（3）具体采样方法及采样量可参照相关的规范和标准。

（4）应急监测采样时，采样人员应拍照记录采样断面（点）经纬度位置、采样时间和周边情况等。

5．采样记录

在现场采样的同时，应按格式规范记录，保证样品信息完整，可充分利用常规例行监测表格进行规范记录。内容主要包括环境条件、分析项目、样品类型、监测断面（点）名称；根据需要在可能的情况下，同时记录风向、风速、水流流向、流速等气象水文信息。

第二节　样品管理

样品管理的目的是保证样品的采集、保存、运输、接收、分析、处置工作有序进行，确保样品在传递过程中始终处于受控状态。

一、样品标志

样品应以一定的方法进行分类，可按环境要素或其他方法进行分类，并在样品标签、采样记录单上记录相应的唯一性标志。

样品标签和采样记录单至少应包含样品编号、采样地点、监测项目、采样时间、采样人等信息。对有毒有害样品、易燃易爆样品、污染源样品，应加以注明。

二、样品保存

除现场测定项目外，对需送实验室进行分析的样品，应选择合适的存放容器和样品保存方法进行存放和保存。

根据不同样品的性状和监测项目，选择合适的容器存放样品。选择合适的样品保存剂和保存条件等样品保存方法，尽量避免样品在保存和运输过程中发生变化。对易燃易爆及有毒有害的应急样品必须分类存放，保证安全。

三、样品的运送和交接

（1）对需送实验室进行分析的样品，应立即送实验室进行分析。尽可能缩短运输时间，避免样品在保存和运输过程中发生变化。

（2）对易挥发的化合物样品或高温不稳定的化合物样品，注意降温保存运输，在条件允许情况下可用车载冰箱或机制冰块降温保存，还可采用食用冰或大量深井水（湖水）、冰凉泉水等临时降温措施进行保存。

（3）样品运输前，应将样品容器内盖、外盖（塞）盖（塞）紧。

（4）样品交实验室时，双方应有交接手续，双方应核对样品编号、样品名称、样品数量、保存剂添加情况、采样时间、送样时间等信息，并根据监测方案核对样品数量，确认无误后在送样单或接样单上签字。

（5）对有毒有害、易燃易爆或性状不明的应急监测样品，特别是污染源样品，送样人员在送实验室时应告知接样人员或实验室人员样品的危险性，接样人员同时向实验室人员说明样品的危险性，实验室分析人员在分析时应注意安全。

（6）实验室接样人员接收样品后，应立即将样品送至检测人员处以进行分析。若发现送样人员没有按时把样品送至实验室，应查找原因并及时向应急监测指挥组反映情况。

四、样品的处置

对应急监测样品应留样，直至事故处理完毕。

对含有剧毒或大量有毒有害化合物的样品，特别是污染源样品，不应随意处置，应进行无害化处理或送有资质的处理单位进行无害化处理。

第三节　样品分析

一、实验室设置

优先选择距离事故现场近的实验室，包括地市、县（区）、第三方和企业实验室，尽量在事故现场搭建临时实验室或使用移动应急监测车开展监测。对污染带长度超过 30 km 的河流型突发水环境污染事件，以事件发生地为起点，每隔 30～50 km 布设一个现场实验室或应急监测车，负责附近监测断面（点）的样品分析。

二、人员配备

每个实验室按照监测项目配备分析人员，每个监测项目配备 2～3 组人员，组员数量根据样品前处理和分析复杂程度确定。24 h 轮流值班。人员不足时，请求应急监测指挥组解决。

三、监测设备

在污染态势初步判别阶段，要求能快速鉴定污染物并能给出定性、半定量或定量的检测结果，可使用直接读数、易于携带、使用方便、对样品前处理要求低的设备。凡具备现场测定条件的监测项目，应尽量进行现场测定。用检测试纸、快速检测管和便携式监测仪器进行测定时，应至少连续平行测定两次，以确认现场测定结果；

必要时，送实验室，用不同的分析方法对现场监测结果加以确认、鉴别。

在跟踪监测阶段，结合现场条件，对常规项目，优先采用现场便携式或车载设备监测；对重金属项目，优先采用车载式电感耦合等离子体光谱仪监测；对挥发性有机物项目，优先采用便携式气相色谱-质谱联用仪监测污染物种类和浓度；对生物毒性项目，优先采用便携式生物毒性分析仪监测等。

使用实验室设备进行样品分析时，也要选择分析时间短、操作方便、准确可靠的仪器。

四、分析记录

可充分利用常规例行监测表格进行分析结果规范记录，主要包括样品编号、分析项目、分析方法、分析时间、样品类型、仪器名称、仪器型号、仪器编号、测定结果、分析人员、校核人员、审核人员签名等信息。除了有纸质版分析记录外，还应向数据统计人员提供电子版记录，方便统计。

第五章　应急监测报告

第一节　应急监测报告主要内容

一、应急监测报告

应急监测报告主要是报告应急监测工作的计划和工作开展情况，分析监测数据和相关信息，判断特征污染物种类、污染团分布情况和迁移扩散趋势等，为环境应急事态研判和应对提出科学合理的参考建议。具体格式编写见附录。

二、应急监测报告结构和内容

应急监测报告总体上分为事件基本情况、监测工作情况、监测结论和建议以及监测报告附件等 4 个部分。在应急监测的前期、中期、后期，应注意把握各阶段的重点。

（一）事件基本情况

概述事发时间、地点、起因、事件性质、截至报告时的事态、已采取的处置措施以及可能受影响的敏感目标等。该部分内容主要由突发环境污染事件现场监测组提供，在编制报告时应注意以下几点：

（1）行文应清晰明了，重点说明事件起因、经过和对环境的影响。

（2）在应急监测前期，应急处置措施未完全落实、事态未完全控制时，该部分内容宜详述；有新的情况变化时，应在当期报告中补充完善。

（3）应急监测中后期，应急处置措施陆续落实到位，事态得到控制，该部分内容宜概述或省略，报告内容重点为污染变化趋势情况和相关意见及建议。

（二）监测工作情况

主要包括应急监测的行动过程和监测工作内容。

（1）监测行动过程：概述上期监测报告至当期监测报告期间的监测工作情况。首期监测报告应包括接到应急响应通知、到达现场开展踏勘、制定监测方案、启动首次监测等重要时间节点。

（2）监测工作内容：主要概述监测方案制定（调整）的监测点位、项目、频次以及现场监测、采样和实验分析情况。详细的监测项目表和监测点位图等一般作为附件参阅。

（三）监测结论和建议

（1）监测结论：截至当期报告编制时，根据特征污染物在各点位的浓度分布并结合其他环境应急工作组提供的调查信息及水文气象参数等，分析污染团可能存在的位置和范围，预测污染扩散趋势和对敏感目标的影响等。若污染源未知，应推测导致事件的原因以及可能的污染源。重点论述超标点位和超标项目，正常点位和正常项目可简单概述，如"××等点位正常"。详细的监测数据表、污染物浓度的点位变化趋势图、关键点位污染物浓度的时间变化趋势图等一般作为附件参阅。

（2）工作建议：根据监测数据和有关信息的综合研判，向应急指挥部提出参考建议。若无相关建议，该部分可以省略。

（四）监测报告附件

监测报告附件主要包括以下内容：

（1）污染趋势图。包括污染物浓度的点位变化趋势图和关键点位污染物浓度的时间变化趋势图等，趋势图中应有显示污染物浓度是否达标或达到背景值的参考线。

（2）监测方法表。列出监测项目所用的现场监测方法及实验室分析方法。

（3）监测数据表。按时间顺序罗列截止当期的监测报告、各点位的监测数据。表中应有特征污染物的标准限值和评价标准；若无国内外相关标准，可用背景参照点作参比。

（4）监测点位图（表）。包含当期应急监测报告所对应的监测点位、项目、频次等。根据事件的具体情况，监测点位图可采用普通地图、卫星地图或示意图、框图等一种或多种形式体现。

（5）监测现场照片。直观展示现场监测的工作情况，同时也作为突发环境污染事件"一案一册"归档的影像资料。

（6）特征污染物相关信息。污染物理化性质、对人体和环境的危害、常见的化学反应方程式和应急处置方式等通常只作为首期报告的附件。

（7）发生地震、火山喷发等自然灾害时，为评价环境质量和监控环境风险，可参考上述内容编写应急监测报告。应急监测工作重点是饮用水水源地和环境风险排查。

三、常用术语

应急监测报告应注意行文的术语和措辞，尤其是对监测结果的评价和对事件的研判分析。

（1）监测结果评价。应灵活运用表征术语和趋势术语进行监测结果评价和污染趋势预判。①表征术语："均""未""低于""高于""正常""超标""未检出""未见异常"等。②趋势术语："首次""持续""逐步""波动""上升""下降"等。表征术语和趋势术语可单独使用，也可以组合使用，如："均未检出""持续下降"等。

（2）事件研判分析。当事态情况不明、尚未调查清楚时，对事件的研判应尽量使用"推测""可能""预计""初步判断"等非确定性的术语。如"初步判断上游××片区可能有电镀废水排入××河流""预计污染带前锋将于北京时间××抵达××断面""预计××日，××断面××浓度可恢复至背景水平"等。对于显而易见的结论和判断，可以使用"表明""显示"等确定性术语。如"监测数据显示××""监测结果表明××"等。

四、报告格式

应急监测报告应规范字体和排版，总体上应遵循《党政机关公文格式》（GB/T 9704—2012）的相关要求。总结报告应遵循各环境监测机构的发文格式和程序规定。

第二节　应急监测数据统计处理

一、数据统计与分析在应急监测中的应用

统计与分析方法包括对环境要素进行质量评价的各种数学模式、评价方法，以对监测数据资料进行剖析、解释，做出规律性的分析和评价。WPS 工作表或 Excel 是具有强大数据分析功能的办公软件。在应急监测中，主要利用以下功能来处理环境监测的实验数据。

（1）数据统计计算功能。WPS 工作表或 Excel 中提供的公式和函数计算手段极大地提高了计算速度和准确度，解决了大量数据的复杂计算问题，节省了大量的时间。针对应急监测，主要可以利用"条件格式"突出显示已录入的数据中的超标数据，当录入的数据超过标准限值时，就会显示不同的颜色，也可以利用函数自动计算超标倍数。

（2）图表制作功能。利用 WPS 工作表或 Excel，可以轻而易举地制作出准确度高的污染趋势图等相关监测图表。利用图表向导，可方便、灵活地完成图表制作，减少人为处理出现的误差。精心设计的图表更具直观性，对污染源发展趋势比表格数据更明了，更有说服力。

二、污染趋势图的编制

制作较为简单的污染趋势图分为两种，一种是污染物浓度的点

位（断面）变化趋势图，即同一时刻污染物浓度随点位（断面）变化的趋势图；另一种是关键点位（断面）污染物浓度的时间变化趋势图，即同一点位（断面）污染物浓度随时间变化的趋势图。

1. 污染物浓度的点位（断面）变化趋势图

污染物浓度的点位（断面）变化趋势图指的是在某一时刻，多个监测点位（断面）的污染物浓度值所构成的图形。通过这种变化趋势图，可以更加清楚地观察、研判当前时刻污染团所在位置及各监测点位（断面）污染物浓度所处水平，更好地了解污染物在空间上的变化情况（见图5-1）。

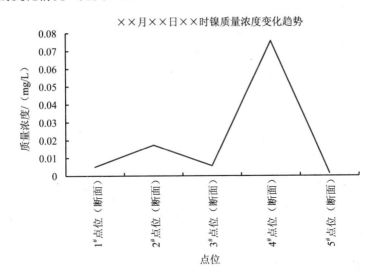

图 5-1　污染物浓度的点位（断面）变化趋势

制作方法：以点位（断面）为列，时间为行，填入相应浓度值，点击"插入"，选择"图表"（见图5-2），在弹出的对话框（见图5-3）中选择"折线图"，点击"确定"即可出现污染物浓度的点位

（断面）变化趋势图，再编辑坐标轴名称、单位等参数。

图 5-2　插入污染物浓度的点位（断面）变化趋势图

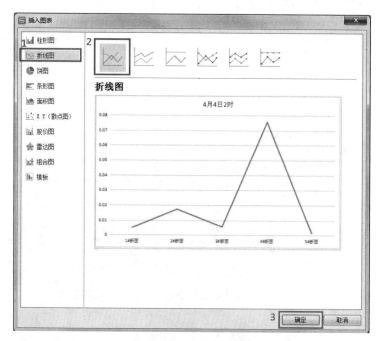

图 5-3　插入图表对话框

2．关键点位（断面）污染物浓度的时间变化趋势图

关键点位（断面）污染物浓度的时间变化趋势图指的是某一个或多个关键点位（断面）在一段时间内的污染物浓度值所构成的图形，以便观察、研判污染团迁移变化情况以及更好地说明污染物在时间上的变化情况（见图5-4）。

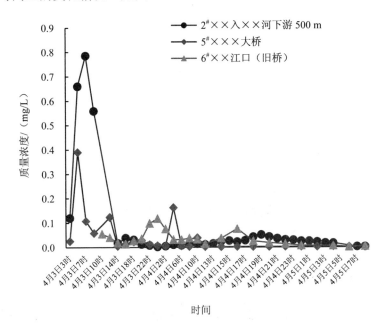

图 5-4　关键点位（断面）污染物浓度的时间变化趋势

制作方法：以时间为列，点位（断面）为行，填入相应浓度值，点击"插入"，选择"图表"，在弹出的对话框（见图5-5）中选择"带数据标记的折线图"，点击"确定"即可出现关键点位（断面）污染物浓度的时间变化趋势图，再编辑坐标轴名称、单位等参数。

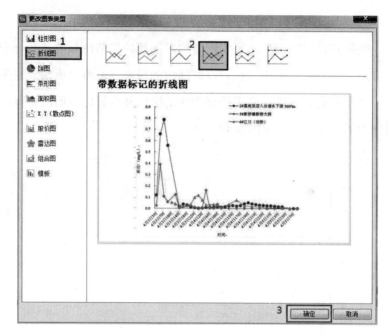

图 5-5　更改图表类型对话框

三、异常数据处理

当出现异常监测数据时，应及时上报，排查各环节，会商并采取相应措施。对异常情况进行拍照、录像，做好现场信息的收集，为异常原因分析提供依据。

1. 异常数据

主要指以下几种情况：

（1）超标异常：一直没有超出相关规范要求值，突然出现超标数值。

（2）高值异常：同一批样品中相近点位（断面）测定值均接近，

突然出现一个高值。

（3）其他数据异常情况。

2．各环节排查

主要从样品采集、样品交接、样品分析等环节排查异常原因，详见表 5-1。

表 5-1　异常原因排查表

环节	排查内容	备注
样品采集	采集点位	点位（断面）变动情况及合理性
	采样操作	样品采集操作规范性
	采样设备	设备是否正常
	固定剂	添加情况
	运输及保存	运输过程中样品保存情况
	其他污染源	点位附近是否受其他污染源影响
样品交接	完整性	是否有损坏、是否存在沾污
	一致性	数量、点位（断面）是否与采样记录一致
样品分析	分析过程	是否按照监测规范进行分析
	仪器设备	仪器设备稳定性是否存在干扰
	质控措施	是否采用有证标准物质、加标回收、平行样分析、实验室间比对、方法比对、重测等措施确认数据的准确性
	结果计算	核对原始记录、核对计算过程

若异常监测数据是在监测过程中造成的，要及时采取纠正措施；若异常监测数据并非是在监测过程中造成的，要及时建议应急指挥部组织人员排查原因。

第三节　监测结果与评价

一、数据来源

应急监测数据包括现场应急监测数据、实验室应急监测数据以及历史环境资料。

二、污染程度评价

根据需要，可针对突发环境污染事件区域的环境污染程度进行评价：

第一，评价突发环境污染事件对区域环境的污染程度，对地表水、地下水、环境空气、土壤分别按《地表水环境质量标准》（GB 3838—2002）、《地下水质量标准》（GB/T 14848—2017）、《环境空气质量标准》（GB 3095—2012）、《土壤环境质量标准》（GB 15618—1995）等相应的环境质量标准进行评价。

第二，对发生突发环境污染事件单位所造成的污染程度进行评价，执行相应的污染物排放标准。评价事件对环境的影响时，执行相应的环境质量标准。未划定功能区类别水体参考《地表水环境质量标准》（GB 3838—2002）Ⅴ类标准限值评价。对非生活饮用地表水，补充项目和特定项目监测结果不作评价。

第三，对目前尚无评价标准的某种污染物，可根据当地生态环境主管部门确定的标准进行评价，如有背景值或历史数据，可进行对照评价。

第四节　污染趋势预测与建议

应对突发环境污染事件时，快速、准确地模拟预测事发区域的特征污染物浓度，量化事件特征污染物对周边环境的影响过程、程度和范围，及时提出有效的应急处置措施建议，对妥善处置突发环境污染事件意义重大。因此，有必要对突发环境污染事件中的特征污染物在水体或大气中的扩散进行科学预测，根据特征污染物预测结果采取相应措施，将危害控制在最低限度。

一、水环境污染事件预测

1. 有毒有害物质进入水环境的方式

有毒有害物质进入水环境包括事件直接导致和事件处理处置过程间接导致两种情况，这两种情况的污染物一般为瞬时排放和有限时段排放。

2. 预测模型

（1）地表水

根据有毒有害物质进入水体的方式、水体类别及特征，以及有毒有害物质的溶解性，选择适用的预测模型。

①对于油品类泄漏事件，流场计算按《环境影响评价技术导则　地表水环境》（HJ 2.3—2018）中的相关要求，选取适用的预测模型；溢油漂移扩散过程按《海洋工程环境影响评价技术导则》（GB/T 19485—2004）中的溢油粒子模型进行溢油轨迹预测。

②其他事件选择的地表水风险预测模型及参数参照《环境影响

评价技术导则　地表水环境》（HJ 2.3—2018）。

（2）地下水

地下水风险预测模型及参数参照《环境影响评价技术导则　地下水环境》（HJ 610—2016）。

3．终点浓度值选取

终点浓度即预测评价标准。根据水体分类及预测点水体功能要求，按照《地表水环境质量标准》（GB 3838—2002）、《生活饮用水卫生标准》（GB 5749—2006）、《海水水质标准》（GB 3097—1997）和《地下水质量标准》（GB/T 14848—2017）选取终点浓度值。对于未列入上述标准的物质，其终点浓度值选取可参照《环境影响评价技术导则　地表水环境》（HJ 2.3—2018）、《环境影响评价技术导则　地下水环境》（HJ 610—2016）。

4．预测结果表述

（1）地表水

根据风险事件情形对水环境的影响特点，预测结果可采用以下表述方式：

①给出有毒有害物质进入地表水体最远超标距离及最长危害时间。

②给出有毒有害物质经排放通道到达下游（按水流方向）环境敏感目标处的时间、超标时间、超标持续时间及最大浓度；对于水体中漂移类物质，应给出漂移轨迹。

（2）地下水

给出有毒有害物质进入地下水体并到达下游（按水流方向）环境敏感目标处的时间、超标时间、超标持续时间及最大浓度。

5．时间预测

污染团前锋、峰值、尾部出现时间在突发环境污染事件中更受到关注。在理想状态下，可以不考虑其他因素影响，时间 t 可以表示为

$$t=x/u \tag{5-1}$$

式中：x——下游距离，m；

u——河流流速，m/s。

二、大气环境污染事件预测

1．预测模型筛选

（1）预测计算时，应区分重质气体与轻质气体，选择合适的大气风险预测模型。其中重质气体和轻质气体的判断依据可采用《建设项目环境风险评价技术导则》（HJ 169—2018）附录 G 中 G.2 推荐的理查德森数。

（2）采用《建设项目环境风险评价技术导则》（HJ 169—2018）附录 G 中的推荐模型进行气体扩散后果预测，应结合模型的适用范围、参数要求等说明选择模型的依据。

2．预测范围与计算点

（1）预测范围即预测物质浓度达到评价标准时的最大影响范围，通常由预测模型计算获取。预测范围一般不超过 10 km。

（2）计算点分特殊计算点和一般计算点。特殊计算点指大气环境敏感目标等关心点，一般计算点指下风向不同距离的点。一般计算点的设置应具有一定分辨率，在风险源 500 m 范围内可设置 10～50 m 间距的计算点，大于 500 m 范围时可设置 50～100 m 间距的计算点。

3．事件源参数

根据大气风险预测模型的需要，调查泄漏设备类型、尺寸、操作参数（压力、温度等），泄漏物质理化特性（摩尔质量、沸点、临界温度、临界压力、比热容比、气体定压比热容、液体定压比热容、液体密度、汽化热等）。

4．气象参数

（1）一级评价时，需选取最不利气象条件及事件发生的最常见气象条件分别进行后果预测。其中最不利气象条件取 F 类稳定度、风速 1.5 m/s、温度 25℃、相对湿度 50%；最常见气象条件由当地近 3 年内的至少连续 1 年气象观测资料统计分析得出，包括出现频率最高的稳定度、该稳定度下的平均风速（非静风）、日最高平均气温、年平均湿度。

（2）二级评价时，需选取最不利气象条件进行后果预测。最不利气象条件取 F 类稳定度、风速 1.5 m/s、温度 25℃、相对湿度 50%。

5．大气毒性终点浓度值选取

大气毒性终点浓度值的选取参见《建设项目环境风险评价技术导则》（HJ 169—2018）附录 H，分为一级、二级。其中，一级为当大气中危险物质浓度低于该限值时，人群在其中暴露 1 h 不会对生命造成威胁，当超过该限值时，有可能对人群造成生命威胁；二级为当大气中危险物质浓度低于该限值时，人群在其中暴露 1 h 一般不会对人体造成不可逆的伤害或出现的症状一般不会损伤人体并且具有采取有效防护措施的能力。

6．预测结果表述

（1）给出下风向不同距离处有毒有害物质的最大浓度，以及预测浓度达到不同毒性终点浓度的最大影响范围。

（2）给出各关心点的有毒有害物质浓度随时间变化情况，以及关心点的预测浓度超过评价标准时对应的时刻和持续时间。

三、建议

结合各要素风险预测，根据环境风险的危害范围与程度，对大气污染事件影响范围内的人群和对水环境污染事件下游环境敏感目标提出避免急性损害的预防保护措施。

第六章　应急监测终止

第一节　应急监测终止条件及程序

一、应急监测终止条件

凡符合下列条件之一的，可向应急指挥部提出应急监测终止建议：

（1）最近一次监测方案中全部监测点位连续 3 次监测结果达到评价标准或要求。

（2）最近一次监测方案中全部监测点位连续 3 次监测结果均恢复到本底值或背景参照点位水平。

（3）其他认为可以终止的情形。

二、应急监测终止程序

（1）监测总指挥根据需要，口头或书面向应急指挥部提出应急监测终止建议。

（2）应急指挥部经判断，认为可以终止应急监测并下达终止命令后，即可终止应急监测工作。

第二节 应急监测总结报告

应急监测工作结束后，应编写应急监测总结报告，总结应急监测工作情况，主要包含 4 个部分的内容。应急监测总结报告范本见附录六。

1．事件基本情况

主要阐述与环境影响有关的内容。对于自然灾害引发的应急监测，重点陈述应急监测期间发现的异常情况和处置措施。

2．监测工作情况

以监测方案的变更为节点，总结应急监测启动到结束的总体情况，重点突出监测工作发挥的作用、得出的监测结论以及提出的工作建议，并对监测点位出具监测数据、编制报告数量进行统计，如"截至××月××日，××站对××个地表水点位监测××次，累计出具监测数据××个，编制应急监测报告××期"。

3．经验和不足

总结分析该次应急监测行动在组织管理、监测方法等方面的经验和教训以及在监测技术和能力建设方面暴露出的短板和不足，提出工作改进思路和建议。

4．附件

主要包括综合性的图表、关键的数据汇总表、重要的现场照片等。

第三节　资料归档

突发环境污染事件应急监测完成后，由综合组统一将应急监测数据和相关资料进行汇总并整理归档，按照"层次分明、分类明确、便于检索"的工作原则，做好相关纸质版和电子版资料的规范管理，具体可参考以下管理方式。

1. 存档目录管理

对突发环境污染事件应急监测工作单独建立文件夹，可参考"事件日期+事件名称"的命名规则，如"20180817××事件"。该文件夹应下设监测方案、监测报告及其他相关资料的子文件夹。

2. 监测报告命名

应规范应急监测报告文件命名，以便于后期查询和整理归档。对每期报告，可参考"编制日期+事件名称+报告期数"的命名规则，如"20180819××事件——第 3 期"。对监测方案调整后的首期报告，应在该文件名末使用括号标注，如"20180903××事件——第 17 期（监测方案第 3 次调整）"。

3. 附图附件命名

对监测点位图、现场监测照片及相关附件，可参照监测报告的命名方式归档整理。

突发环境污染事件应急监测资料归档的其他要求可参考《生态环境档案管理规范　生态环境监测》（HJ 8.2—2020）。

第七章　应急监测安全与防护

第一节　应急监测人员安全防护

为保护应急监测工作人员免受化学污染、生物污染与放射性污染危害，进入突发环境污染事件现场的应急监测人员必须注意自身的安全防护，对事件现场不熟悉、不能确认现场安全或不按规定佩戴必需防护设备（如防护服、防毒呼吸器等）的监测人员，未经现场指挥、警戒人员许可，不应进入事件现场进行采样监测。同时，采样和现场监测人员应配备必要的安全防护设备并且至少两人及两人以上同行。

进入易燃易爆事件现场的应急监测车辆应有防火、防爆安全装置，使用防火、防爆的现场应急监测仪器设备（包括电源等）进行现场监测或在确认安全的情况下，使用现场应急监测仪器设备进行现场监测。

进入水体或登高采样时，应穿戴救生衣或佩戴防护安全带（绳）。

常用的防护装备包括防护服、防护眼镜、防护手套、呼吸器、防爆应急灯、安全帽、带明显标志的小背心、安全带、呼救器等。

第二节　应急防护装备配备要求

根据环境保护部《关于印发〈全国环保部门环境应急能力建设标准〉的通知》（环发〔2010〕146 号）附件《全国环保部门环境应急能力建设标准》要求，各级生态环境监测机构需配备的应急防护装备数量要求见表 7-1。

表 7-1　应急防护装备配置要求

序号	指标内容	省级建设标准			地市级建设标准			县级建设标准		
		一级	二级	三级	一级	二级	三级	一级	二级	三级
1	气体致密型化学防护服	6 套	4 套	2 套	4 套	2 套	2 套	2 套	自定	自定
2	液体致密型化学防护服或粉尘致密型化学防护服	16 套	10 套	4 套	10 套	5 套	3 套	4 套	3 套	2 套
3	应急现场工作服	2 套/人	2 套/人	1 套/人	2 套/人	1 套/人	1 套/人	2 套/人	1 套/人	1 套/人
4	易燃易爆气体报警装置	6 套	4 套	2 套	4 套	2 套	2 套	2 套	2 套	2 套
5	有毒有害气体检测报警装置	6 套	4 套	2 套	4 套	2 套	2 套	2 套	2 套	2 套
6	辐射报警装置	6 套	4 套	2 套	4 套	2 套	2 套	2 套	2 套	2 套
7	医用急救箱	1 套/人	1 套/人	1 套/人	1 套/人	1 套/人	至少2 套	1 套/人	1 套/2 人	至少2 套
8	应急供电、照明设备	3 套	2 套	1 套	2 套	1 套	自定	1 套	自定	自定

序号	指标内容	省级建设标准			地市级建设标准			县级建设标准		
		一级	二级	三级	一级	二级	三级	一级	二级	三级
9	睡袋	10 套	6 套	4 套	8 套	4 套	自定	4 套	自定	自定
10	帐篷	5 套	3 套	2 套	4 套	2 套	自定	2 套	自定	自定
11	防寒保暖、给氧等生命保障装备	1 套/辆高性能越野车			自定	自定	自定	自定	自定	自定

其中，第 1 项"气体致密型化学防护服"和第 2 项"液体致密型化学防护服或粉尘致密型化学防护服"均指包括身体防护、呼吸防护、无线通信的成套防护装备。技术标准参照《防护服装 化学防护服通用技术要求》（GB 24539—2009）、《化学防护服的选择、使用和维护》（AQ/T 6107—2008）。

第 3 项"应急现场工作服（套）"指一般应急现场工作服，包括服装、鞋、帽、手套、口罩、护目镜或面镜等装备，服装印有"环境应急"字样标识。

第 7 项"医用急救箱"中至少包括：纯棉弹性绷带、网状弹力绷带、不黏伤口无菌敷料、防水创可贴、压缩脱脂棉、三角巾、酒精棉片、伤口消毒棉签、医用剪刀、医用塑胶手套、人工呼吸隔离面罩、速效救心丸等。

第 11 项"防寒保暖、给氧等生命保障装备"包括防寒服、采暖炉、氧气瓶、野外炊具等，环境条件恶劣的地区可提高配置。

环境应急防护装备应保持完好，按规定维护升级、淘汰更新，随时保持可正常使用状态。

表 7-1 内的各项标准内容为最低配置，各地可在此基础上根据实际需要增加装备内容、提高装备水平。

第三节　现场应急防护装备的选用

现场防护装置是为了保护突发环境污染事件现场工作人员免受化学污染、生物污染等的危害而设计的装备，任何防护装备的防护功能都是有限的，应急监测人员应注重平时的学习培训，熟悉各类防护装备的作用和使用要求。开展应急监测时，应根据不同的事件类型、环境因素选择不同的防护装备。现场应急防护装备选用见表7-2，常用的防护装备用途及优缺点见表7-3。

表7-2　现场应急防护装备选用参考

类别	序号	设备名称	用途及设备参数	功能	适用环境
突发环境污染事件	1	隔绝式防毒衣（防化服）	全身防护：现场安全防护救援、采样、监测	防护有毒有害污染物	化工、石油、纺织、印染、造纸、冶炼、酿造、制药、化肥、炼油、制单、交通运输等行业的泄漏、爆炸事件
	2	简易防毒面具	呼吸防护：现场安全防护救援、采样、监测	防护有毒有害污染物	
	3	防毒靴套	足部防护：污染采样、监测	防护有毒有害污染物	
	4	防酸碱长筒靴	足、腿部防护：现场安全防护、救援、采样、监测	防护有毒有害污染物	化工、石油、交通运输等行业和厂矿的泄漏、爆炸事件
	5	耐酸碱防毒手套	手部防护：现场安全防护、救援、采样、监测	防护有毒有害污染物	
	6	耐酸碱防水高腰连体衣	全身防护：现场安全防护、救援、采样、监测	防护酸碱污染物	
	7	救生衣	现场救援防护、采样、监测	防护、救援	排污口、沟渠、河流

类别	序号	设备名称	用途及设备参数	功能	适用环境
突发环境污染事件	8	急救箱	现场中毒急救及安全防护	急救、防护	各种污染事件受伤急救
	9	投掷式标志牌	现场安全防护、警戒	警戒	各种污染事件的警戒标志
	10	插入式标志牌	现场安全防护、警戒	警戒	各种污染事件的警戒标志
	11	排水泵、消毒设备，各种堵漏器、堵漏袋、堵漏枪、洗消器、封漏套管、阻流袋等	现场处理、救援	现场应急处理、救援	各种水污染事件
	12	救护车	伤员救治	人员安全救援	—
	13	防毒面具（接滤毒罐）	呼吸防护：最短可防毒时间为120 min	综合防护有毒有害气体、各种有机蒸气、氯气、氨气、硫化氢、一氧化碳、氢氰酸及其衍生物、毒烟、毒雾等	化工、石化、冶炼、制药、农药、炼油、交通运输等行业和油库、气库的泄漏、火灾、爆炸等
	14	小型洗消器、消毒设备、洗消剂，各种堵漏器、堵漏袋、堵漏枪、封漏套管、阻流袋、封漏胶、封漏剂等	救援	救援	
	15	各种防化消防车	火灾灭火	事件处理与救援	

类别	序号	设备名称	用途及设备参数	功能	适用环境
突发环境污染事件	16	正压式空气呼吸器	可防毒时间为60 min	防高浓度的有毒有害气体	化工、石油、交通运输等行业和厂矿的泄漏、火灾、爆炸等事件
	17	隔热/冷手套	现场安全防护	救援、防护	
	18	防毒手套	现场安全防护	救援、防护	
	19	高压呼吸空气压缩机	配供正压式空气；压缩空气充气泵	防各种有毒有害气体	
	20	气密防护眼镜	现场安全防护	防化学物质飞溅、防烟雾等	
	21	气态报警器	有毒气体报警、人员安全防护	一氧化碳、硫化氢	
	22	阻热防护服	现场安全防护	防火、防热、防静电	化工、炼油等行业和油库、气库的火灾、爆炸等
	23	防酸碱工作服	现场安全防护	防酸碱水蒸气	化工、冶炼、交通运输等行业的泄漏、爆炸
	24	滤毒罐	连防毒面具，最小可防毒时间为120 min	综合防毒	化工、石油、农药、交通运输等行业和厂矿的泄漏、爆炸
	25	防毒口罩	防护呼吸道	综合防护轻度、低浓度的有毒有害气体	各种大气污染、爆炸、火灾等
	26	风速风向计	测定风速风向、人员安全防护与救援距离	测定范围：风速0～60 m/s；风向0°～360°；风向精度：±3%	
	27	测距仪	测定距离、人员安全防护	测定距离范围：0.2～200 m	大气污染事件
	28	灭火器	现场安全防护	灭火	易燃易爆气体、液体泄漏
	29	防爆强光照明设备	提供现场照明	防爆	

表 7-3　常用的防护装备用途及优缺点

类别	装备名称	主要用途	主要优缺点
呼吸防护	机械过滤式防毒口罩（防尘口罩）	用于各种粉尘和烟等较大固体有害物质的过滤式防护	优点：结构简单、佩戴方便，成本较低，阻尘效率较高。 缺点：仅能防御粒径较大的粉尘、烟尘，对有毒气体、蒸气、气溶胶等的阻隔效果差
	化学过滤式防毒口罩（面具）	用于防御各种有害气体、蒸气、气溶胶等有害物。口罩能遮住鼻、口；面具能遮住眼、鼻和口	优点：能有效防御有毒气体、蒸气、气溶胶等有害物，装戴较轻便。 缺点：需要防毒罐（盒）配套使用，防毒罐（盒）有适用范围和有效期，且防护时间随毒物的性质、浓度及滤料的不同而有所差异
	隔离式呼吸器	主要用于密闭空间、严重缺氧或有毒气体浓度高的情况下，防御各种有毒有害气体。通常包括面罩、导气管、供气调节阀和供气罐	优点：能自供气（空气或氧气）或从清尘环境中引入空气来维持人体正常呼吸，有效隔绝有毒有害气体。 缺点：佩戴较复杂，负重较大，成本相对较高
防护服	普通型化学防护服	主要用于防御粉尘，对液态、固态化学物质有一定防护作用	优点：穿戴简便、质轻，排汗、透气、散热功能较好，可穿较长时间，成本较低。 缺点：仅适用于粉尘和矿物纤维的防护，对液态、固态化学物质有渗透风险，不具备防护有毒空气污染能力
	液体致密型化学防护服	用于防护高浓度的非挥发性有毒液体的泼溅、侵入；防止无压状态下非挥发性雾状危险化学品伤害人体	优点：对液态、固态化学物质防护性能较好。 缺点：对气态污染防护效果较差，不具备对高压状态下的雾状危化品防护功能

类别	装备名称	主要用途	主要优缺点
防护服	气体致密型化学防护服	用于气态危险化学污染防护，也用于液态铝和固态粉尘的防护，通常被视为防护能力最强的化学防护服	优点：防护性能好、可靠性高。缺点：通常为全身包裹密封，配套呼吸装置，对穿着人员的身体负荷大，有较严格的穿着时限或需要采取某些降温措施，尤其是在环境温度较高的条件下；成本较高

第四节　安全距离要求

进入事件现场进行采样的监测人员应听从现场指挥、警戒人员指挥，根据不同化学物质的理化特性和毒性，结合气象条件，与危险地点保持安全距离，在确认安全的情况下开展采样监测工作。危险化学品泄漏事件中事件区隔离和人员防护最低距离见表7-4。

表7-4　安全参考距离表

联合国危险货物编号及化学品名称	少量泄漏*			大量泄漏**		
	紧急隔离/m	白天疏散/km	夜间疏散/km	紧急隔离/m	白天疏散/km	夜间疏散/km
1005 氨（液氨）	30	0.2	0.2	60	0.5	1.1
1008 三氟化硼（压缩）	30	0.2	0.6	215	1.6	5.1
1016 一氧化碳（压缩）	30	0.2	0.2	125	0.6	1.8
1017 氯气	30	0.3	1.1	275	2.7	6.8
1023 压缩煤气	30	0.2	0.2	60	0.3	0.5
1026 氰（乙二腈）	30	0.3	1.1	305	3.1	7.7
1040 环氧乙烷	30	0.2	0.2	60	0.5	1.8

联合国危险货物编号及化学品名称	少量泄漏*			大量泄漏**		
	紧急隔离/ m	白天疏散/ km	夜间疏散/ km	紧急隔离/ m	白天疏散/ km	夜间疏散/ km
1045 氟气（压缩）	30	0.2	0.5	185	1.4	4.0
1048 无水溴化氢	30	0.2	0.5	125	1.1	3.4
1050 无水氯化氢	30	0.2	0.6	185	1.6	4.3
1051 氰化氢（氢氰酸）	60	0.2	0.5	400	1.3	3.4
1052 无水氟化氢	30	0.2	0.6	125	1.1	2.9
1053 硫化氢	30	0.2	0.3	215	1.4	4.3
1062 甲基溴	30	0.2	0.3	95	0.5	1.4
1064 甲硫醇	30	0.2	0.3	95	0.8	2.7
1067 氮氧化物	30	0.2	0.5	305	1.3	3.9
1069 亚硝酰氯	30	0.3	1.4	365	3.5	9.8
1071 压缩石油气	30	0.2	0.2	30	0.3	0.5
1076 双光气	60	0.2	0.5	95	1.0	1.9
1076 光气	95	0.8	2.7	765	6.6	11.0
1079 二氧化硫	30	0.3	1.1	185	3.1	7.2
1082 三氟氯乙烯	30	0.2	0.2	30	0.3	0.8
1092 丙烯醛（阻聚）	60	0.5	1.6	400	3.9	7.9
1098 烯丙醇	30	0.2	0.2	30	0.3	0.6
1135 2-氯乙醇	30	0.2	0.3	60	0.6	1.3
1143 2-丁烯醛（阻聚）	30	0.2	0.2	30	0.3	0.8
1162 二甲基二氯硅烷（水中泄漏）	30	0.2	0.3	125	1.1	2.9
1163 1,1-二甲基肼	30	0.2	0.2	60	0.5	1.1
1182 氯甲酸乙醇	30	0.2	0.3	60	0.6	1.4
1185 乙烯亚胺（阻聚）	30	0.3	0.8	155	1.4	3.5
1238 氯甲酸甲酯	30	0.3	1.1	155	1.6	3.4
1239 氯甲基甲醚	30	0.2	0.6	125	1.1	2.7
1242 甲基二氯硅烷（水中泄漏）	30	0.2	0.2	60	0.5	1.6
1244 甲基肼	30	0.3	0.8	125	1.1	2.7

联合国危险货物编号及化学品名称	少量泄漏*			大量泄漏**		
	紧急隔离/m	白天疏散/km	夜间疏散/km	紧急隔离/m	白天疏散/km	夜间疏散/km
1250 甲基三氯硅烷（水中泄漏）	30	0.2	0.3	125	1.1	2.9
1251 甲基乙烯基酮（稳定）	155	1.3	3.4	915	8.7	11.0+
1259 羰基镍	60	0.6	2.1	215	2.1	4.3
1295 三氯硅烷（水中泄漏）	30	0.2	0.3	125	1.3	3.2
1298 三甲基氯硅烷	30	0.2	0.2	95	0.8	2.3
1340 五硫化磷（不含黄磷和白磷）（水中泄漏）	30	0.2	0.5	155	1.3	3.2
1360 磷化钙（水中泄漏）	30	0.2	0.8	215	2.1	5.3
1380 戊硼烷	155	1.3	3.7	765	6.6	10.6
1384 连二亚硫酸钠（保险粉）（水中泄漏）	30	0.2	0.2	30	0.3	1.1
1397 磷化铝（水中泄漏）	30	0.2	0.8	245	2.4	6.4
1412 氨基化锂	30	0.2	0.2	95	0.8	1.9
1419 磷化铝镁（水中泄漏）	30	0.2	0.8	215	2.1	5.5
1432 磷化钠（水中泄漏）	30	0.2	0.5	155	1.4	4.0
1433 磷化锡（水中泄漏）	30	0.2	0.8	185	1.6	4.7
1510 四硝基甲烷	30	0.3	0.5	60	0.6	1.3
1541 丙酮合氰醇（水中泄漏）	30	0.2	0.2	95	0.8	2.1
1556 甲基二氯化胂	30	0.2	0.3	60	0.5	1.0
1560 三氯化砷	30	0.2	0.3	60	0.6	1.4
1569 溴丙酮	30	0.2	0.3	95	0.8	1.9
1580 三氯硝基甲烷（氯化苦）	60	0.5	1.3	185	1.8	4.0
1581 三氯硝基甲烷和溴甲烷混合物	30	0.2	0.5	125	1.3	3.1
1581 溴甲烷和三氯硝基甲烷（＞2%）混合物	30	0.3	1.1	215	2.1	5.6
1582 三氯硝基甲烷和氯甲烷混合物	30	0.2	0.8	95	1.0	3.2

联合国危险货物编号 及化学品名称	少量泄漏*			大量泄漏**		
	紧急隔离/ m	白天疏散/ km	夜间疏散/ km	紧急隔离/ m	白天疏散/ km	夜间疏散/ km
1589 氯化氰（抑制）	60	0.5	1.8	275	2.7	6.8
1595 硫酸二甲酯	30	0.2	0.2	30	0.3	0.6
1605 1,2-二溴乙烷	30	0.2	0.2	30	0.3	0.5
1612 四磷酸六乙酯和压缩气体混合物	30	0.2	0.2	30	0.3	1.4
1613 氢氰酸水溶液（含氰化氢≤20%）	30	0.2	0.2	125	0.5	1.3
1614 氰化氢	60	0.2	0.5	400	1.3	3.4
1647 1,2-二乙烷和溴甲烷液体混合物	30	0.2	0.2	30	0.3	0.5
1660 压缩一氧化氮	30	0.3	1.3	155	1.3	3.5
1670 全氯甲硫醇	30	0.2	0.3	60	0.5	1.1
1680 氰化钾（水中泄漏）	30	0.2	0.3	95	0.8	2.6
1689 氰化钠（水中泄漏）	30	0.2	0.3	95	1.0	2.6
1695 氯丙酮（稳定）	30	0.2	0.3	60	0.6	1.3
1698 亚当氏气（军用毒气）	60	0.3	1.1	185	2.3	5.1
1714 磷化锌（水中泄漏）	30	0.2	0.8	185	1.8	5.1
1716 乙酰溴（水中泄漏）	30	0.2	0.3	95	0.8	2.3
1717 乙酰氯（水中泄漏）	30	0.2	0.3	95	1.0	2.7
1722 氯甲酸烯丙酯	155	1.3	2.7	610	6.1	10.8
1724 烯丙基二氯硅烷（稳定，水中泄漏）	30	0.2	0.3	125	1.0	2.9
1725 无水溴化铝	30	0.2	0.3	95	1.0	2.7
1726 无水氯化铝	30	0.2	0.3	60	0.5	1.6
1728 戊基三氯硅烷（水中泄漏）	30	0.2	0.2	60	0.5	1.6
1732 五氟化锑（水中泄漏）	30	0.2	0.6	155	1.6	3.7
1736 苯甲酰氯（水中泄漏）	30	0.2	0.2	30	0.3	1.1

联合国危险货物编号 及化学品名称	少量泄漏*			大量泄漏**		
	紧急隔离/m	白天疏散/km	夜间疏散/km	紧急隔离/m	白天疏散/km	夜间疏散/km
1741 三氯化硼	30	0.2	0.3	60	0.6	1.6
1744 溴，溴溶液	60	0.3	1.1	185	1.6	4.0
1745 五氟化溴（陆上泄漏）	60	0.5	1.3	245	2.3	5.0
1745 五氟化溴（水中泄漏）	30	0.2	0.8	215	1.9	4.2
1746 三氟化溴（陆上泄漏）	30	0.2	0.3	60	0.3	0.8
1746 三氟化溴（水中泄漏）	30	0.2	0.6	185	2.1	5.5
1747 丁基三氯硅烷（水中泄漏）	30	0.2	0.2	60	0.5	1.8
1749 三氟化氯	60	0.5	1.6	335	3.4	7.7
1752 氯乙酰氯（陆上泄漏）	30	0.2	0.5	95	0.8	1.6
1752 氯乙酰氯（水中泄漏）	30	0.2	0.2	60	0.3	1.3
1754 氯磺酸（陆上泄漏）	30	0.2	0.2	30	0.2	0.5
1754 氯磺酸（水中泄漏）	30	0.2	0.2	60	0.5	1.4
1754 氯磺酸和三氧化硫混合物	60	0.3	1.1	305	2.1	5.6
1758 氯氧化铬（水中泄漏）	30	0.2	0.2	60	0.3	1.3
1777 氟磺酸	30	0.2	0.2	60	0.5	1.4
1801 辛基三氯硅烷（水中泄漏）	30	0.2	0.3	95	0.8	2.4
1806 五氯化磷（水中泄漏）	30	0.2	0.3	125	1.0	2.9
1809 三氯化磷（陆上泄漏）	30	0.2	0.6	125	1.1	2.7
1809 三氯化磷（水中泄漏）	30	0.2	0.3	125	1.1	2.6
1810 三氯氧磷（陆上泄漏）	30	0.2	0.5	95	0.8	1.8
1810 三氯氧磷（水中泄漏）	30	0.2	0.3	95	1.0	2.6
1818 四氯化硅（水中泄漏）	30	0.2	0.3	125	1.3	3.4
1828 氯化硫（陆上泄漏）	30	0.2	0.3	60	0.5	1.0
1828 氯化硫（水中泄漏）	30	0.2	0.2	60	0.6	0.23

联合国危险货物编号及化学品名称	少量泄漏*			大量泄漏**		
	紧急隔离/m	白天疏散/km	夜间疏散/km	紧急隔离/m	白天疏散/km	夜间疏散/km
1829 三氧化硫	60	0.3	1.1	305	2.1	5.6
1831 发烟硫酸	60	0.3	1.1	305	2.1	5.6
1834 硫酰氯（陆上泄漏）	30	0.2	0.2	30	0.3	0.6
1834 硫酰氯（水中泄漏）	30	0.2	0.2	125	1.1	2.4
1836 亚硫酰氯（陆上泄漏）	30	0.2	0.5	60	0.5	1.1
1836 亚硫酰氯（水中泄漏）	30	0.2	1.0	335	3.2	7.1
1838 四氯化钛（陆上泄漏）	30	0.2	0.2	30	0.3	0.8
1838 四氯化钛（水中泄漏）	30	0.2	0.3	125	1.1	2.9
1859 四氟化硅	30	0.2	0.5	6	0.5	1.6
1892 乙基二氯化胂	30	0.2	0.3	60	0.5	1.0
1898 乙酰碘（水中泄漏）	30	0.2	0.2	60	0.6	1.6
1911 压缩乙硼烷	30	0.2	0.3	95	1.0	2.7
1923 连二亚硫酸钙，亚硫酸氢钙（水中泄漏）	30	0.2	0.2	30	0.3	1.1
1939 三溴氧磷（水中泄漏）	30	0.2	0.3	95	0.6	1.9
1975 一氧化氮和二氧化氮混合物，四氧化二氮和一氧化氮混合物	30	0.3	1.3	155	1.3	3.5
1994 五羟基铁	30	0.3	0.6	125	1.1	2.4
2004 二氨基镁（水中泄漏）	30	0.2	0.2	60	0.5	1.3
2011 磷化镁（水中泄漏）	30	0.2	0.8	245	2.3	6.0
2012 磷化钾（水中泄漏）	30	0.2	0.5	155	1.3	4.0
2013 磷化锶（水中泄漏）	30	0.2	0.5	155	1.3	3.7
2032 发烟硝酸	95	0.3	0.5	400	1.3	3.5
2186 氯化氢（冷冻液体）	30	0.2	0.6	185	1.6	4.3
2188 胂	60	0.5	2.1	335	3.2	6.6
2189 二氯硅烷	30	0.3	1.0	245	2.4	6.3

联合国危险货物编号及化学品名称	少量泄漏*			大量泄漏**		
	紧急隔离/m	白天疏散/km	夜间疏散/km	紧急隔离/m	白天疏散/km	夜间疏散/km
2190 压缩二氟化氧	430	4.2	8.4	915	11.0+	11.0+
2191 硫酰氟	30	0.2	0.3	95	0.8	2.3
2195 六氟化碲	60	0.6	2.3	365	3.5	7.6
2196 六氟化钨	30	0.3	1.3	155	1.3	3.7
2197 无水碘化氢	30	0.2	0.5	95	0.8	2.6
2198 压缩五氟化磷	30	0.3	1.1	125	1.1	3.5
2199 磷化氢	95	0.3	1.3	490	1.8	5.5
2202 无水硒化氢	185	1.8	5.6	915	10.8	11.0+
2204 羰基硫	30	0.2	0.6	215	1.9	5.6
2232 2-氯乙醛	30	0.2	0.5	60	0.6	1.6
2334 烯丙胺	30	0.2	0.5	95	1.0	2.4
2337 苯硫酚	30	0.2	0.2	30	0.3	0.6
2382 对称二甲基肼	30	0.2	0.3	60	0.5	1.1
2407 氯甲酸异丙酯	30	0.2	0.3	95	0.8	1.9
2417 压缩碳酰氟	30	0.2	1.1	125	1.0	3.1
2418 四氟化硫	60	0.5	1.9	305	2.9	6.9
2420 六氟丙酮	30	0.3	1.4	365	3.7	8.5
2421 三氧化二氮	30	0.2	0.2	155	0.6	2.1
2438 三甲基乙酰氯	30	0.2	0.2	30	0.3	0.8
2442 三氯乙酰氯（陆上泄漏）	30	0.2	0.3	60	0.6	1.4
2442 三氯乙酰氯（水中泄漏）	30	0.2	0.2	30	0.3	1.3
2474 硫光气	60	0.6	1.8	275	2.6	5.0
2477 异硫氰酸甲酯	30	0.2	0.3	60	0.5	1.1
2480 异氰酸甲酯	95	0.8	2.7	490	4.8	9.8
2481 异氰酸乙酯	215	1.9	4.3	915	11.0+	11.0+
2482 异氰酸正丙酯	125	1.1	2.4	765	6.3	10.6
2483 异氰酸异丙酯	185	1.8	3.9	430	4.2	7.4

联合国危险货物编号及化学品名称	少量泄漏*			大量泄漏**		
	紧急隔离/m	白天疏散/km	夜间疏散/km	紧急隔离/m	白天疏散/km	夜间疏散/km
2484 异氰酸叔丁酯	125	1.0	2.4	550	5.3	10.3
2485 异氰酸正丁酯	95	0.8	1.6	335	3.1	6.3
2486 异氰酸异丁酯	60	0.6	1.4	155	1.6	3.2
2487 异氰酸苯酯	30	0.3	0.8	155	1.3	2.6
2488 异氰酸环己酯	30	0.2	0.3	95	0.8	1.4
2495 五氟化碘（水中泄漏）	30	0.2	0.5	125	1.1	3.1
2521 双烯酮（抑制）	30	0.2	0.2	30	0.3	0.5
2534 甲基氯硅烷	30	0.2	1.0	215	2.1	5.6
2548 五氟化氯	30	0.3	1.0	365	3.7	8.7
2576 三溴氧磷（熔融，水中泄漏）	30	0.2	0.3	95	0.6	1.9
2600 压缩一氧化碳和氢气混合物	30	0.2	0.2	125	0.6	1.8
2605 异氰酸甲氧基甲酯	60	0.3	0.8	125	1.3	2.6
2606 原硅酸甲酯	30	0.2	0.2	30	0.3	0.6
2644 甲基碘	30	0.2	0.3	60	0.3	1.0
2646 六氯环戊二烯	30	0.2	0.2	30	0.2	0.3
2668 氯乙腈	30	0.2	0.2	30	0.3	0.5
2676 锑化氢	30	0.3	1.6	245	2.3	6.0
2691 五溴化磷（水中泄漏）	30	0.2	0.3	95	0.8	2.4
2692 三溴化硼（陆上泄漏）	30	0.2	0.3	60	0.6	1.4
2692 三溴化硼（水中泄漏）	30	0.2	0.3	60	0.5	1.6
2740 氯甲酸正丙酯	30	0.2	0.3	60	0.5	1.4
2742 氯甲酸特丁酯	30	0.2	0.2	30	0.3	0.6
2742 氯甲酸异丁酯	30	0.2	0.2	60	0.3	0.8
2743 氯甲酸正丁酯	30	0.2	0.2	30	0.3	0.5
2806 氮化锂	30	0.2	0.2	95	0.8	2.1

联合国危险货物编号 及化学品名称	少量泄漏*			大量泄漏**		
	紧急 隔离/ m	白天 疏散/ km	夜间 疏散/ km	紧急 隔离/ m	白天 疏散/ km	夜间 疏散/ km
2810 双（2-氯乙基）乙胺	30	0.2	0.2	30	0.2	0.3
2810 双（2-氯乙基）甲胺	30	0.2	0.2	30	0.2	0.3
2810 双（2-氯乙基）硫	30	0.2	0.2	30	0.2	0.3
2810 沙林（化学武器）	155	1.6	3.4	915	11.0+	11.0+
2810 梭曼（化学武器）	95	0.5	1.8	765	3.8	10.5
2810 塔崩（化学武器）	30	0.3	0.6	155	1.6	3.1
2810 VX（化学武器）	230	0.2	0.2	60	0.6k	1.0
2810 CX（化学武器）	30	0.2	0.5	95	1.0	3.1
2826 氯硫代甲酸乙酯	30	0.2	0.5	60	0.5	0.8
2845 无水乙基二氯化膦	60	0.5	1.3	155	1.6	3.4
2901 氯化溴	30	0.3	1.0	155	1.6	4.0
2927 无水乙基二氯硫膦	30	0.2	0.2	30	0.2	0.2
2977 六氟化铀（含铀-235 高 于 1.0%，可裂变的水中泄漏）	30	0.2	0.5	95	1.0	3.2
3023 2-甲基-2-庚硫醇，叔-辛 硫醇	30	0.2	0.2	60	0.5	1.1
3048 磷化铝农药	30	0.2	0.8	215	1.9	5.3
3052 烷基铝卤化物（水中 泄漏）	30	0.2	0.2	30	0.3	1.3
3057 三氟乙酰氯	30	0.3	1.4	430	4.0	8.5
3079 甲基丙烯腈（抑制）	30	0.2	0.5	60	0.6	1.6
3083 过氯酰氟	30	0.2	1.0	215	2.3	5.6
3246 甲基磺酰氯	95	0.6	2.4	245	2.3	5.1
3294 氰化氢醇溶液（含氰化 氢不高于 45%）	30	0.2	0.3	215	0.6	1.9
3300 环氧乙烷和二氧化碳混 合物（环氧乙烷含量大于 87%）	30	0.2	0.2	60	0.5	1.8

联合国危险货物编号及化学品名称	少量泄漏*			大量泄漏**		
	紧急隔离/m	白天疏散/km	夜间疏散/km	紧急隔离/m	白天疏散/km	夜间疏散/km
3318　50%以上的氨溶液	30	0.2	0.2	60	0.5	1.1
9191　二氧化氯（水合物，冻结，水中泄漏）	30	0.2	0.2	30	0.2	0.6
9192　氟（冷冻液）	30	0.2	0.5	185	1.4	4.0
9202　一氧化碳（冷冻液）	30	0.2	0.2	125	0.6	1.8
9206　甲基二氯膦	30	0.2	0.2	30	0.2	0.3
9263　氯三甲基乙酰氯	30	0.2	0.2	30	0.3	0.5
9264　3,5-二氯-2,4,6-三氟嘧啶	30	0.2	0.2	30	0.3	0.5
9269　三甲氧基硅烷	30	0.3	1.0	215	2.1	4.2

注：①* 少量泄漏：小包装（≤200 L）泄漏或大包装少量泄漏。

②** 大量泄漏：大包装（＞200 L）泄漏或多个小包装同时泄漏。

③"紧急隔离"指事故发生点与四周的隔离距离。

④防护距离：在下风向上人员防护最低距离。

⑤"+"指某些气象条件下，应增加下风向的疏散距离。

⑥数据来源：《北美应急响应手册》（2000 版）。

附　录

附录一　应急监测方案范本

×××事件应急监测方案
（第×版）

　　××年×月×日××时，在××发生××事件，现场明火已经扑灭，事件造成××，事件点周边××污染，接到应急监测任务后，我站立即启动预案，派监测人员及时赶赴现场，依据现场勘查情况及专家意见，现编制应急监测方案，此方案从××月××日××时实施。

　　一、监测内容

　　地表水具体监测内容见表1，监测点位见图1。样品分析全部由市监测站承担。

表 1　地表水监测内容

编号	监测点位	采样单位	项目	频次
1	事故点下游 100 m	××	挥发酚	每 1 h 采 1 次
2	事故点下游 1 000 m			
3	事故点下游 2 000 m	××		
4	××村沟渠上游 10 m			
5	××镇××村沟渠			
6	××镇××村沟渠			

编号	监测点位	采样单位	项目	频次
7	××镇××电排站（闸内）	××		
8	××镇××电排站（闸外）			
9	××干流××电排站上游 200 m			
10	××干流××电排站下游 500 m	××		
11	××干流××电排站下游 2 000 m		挥发酚	每1 h 采1次
12	××水闸内	××		
13	××水闸外			
14	××干流××拦河坝前			
15	××干流××拦河坝下游 200 m	××		
16	××断面			
17	××水厂取水点			

二、监测方法

表2　监测方法一览表

项目	分析方法	检出限
挥发酚	《水质　挥发酚的测定　流动注射-4-氨基安替比林分光光度法》（HJ 825—2017）	0.000 3 mg/L

三、执行标准

××地表水挥发酚浓度执行《地表水环境质量标准》（GB 3838—2002）表1地表水环境质量标准基本项目Ⅴ类标准限值，××地表水中挥发酚浓度执行地表水质量标准Ⅲ类限值。评价标准详见表3。

表3　评价标准表

类别	执行标准		挥发酚
地表水	GB 3838—2002	Ⅲ类	≤0.005 mg/L
		Ⅴ类	≤0.1 mg/L

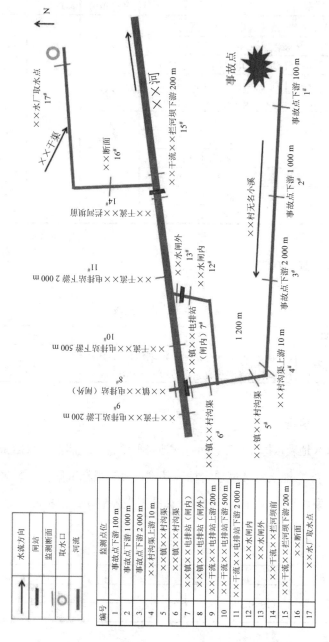

图 1　地表水监测点位示意

编号	监测点位
1	事故点下游 100 m
2	事故点下游 1 000 m
3	事故点下游 2 000 m
4	××村沟渠上游 10 m
5	××镇××村沟渠
6	××镇××村沟渠
7	××镇××电排站（闸内）
8	××镇××电排站（闸外）
9	××干流××电排站上游 200 m
10	××干流××电排站下游 500 m
11	××干流××电排站下游 2 000 m
12	××水闸内
13	××水闸外
14	××干流××拦河坝前
15	××干流××拦河坝下游 200 m
16	××断面
17	××水厂取水点

水流方向	
闸站	
监测断面	
取水口	
河流	

四、数据报送

每批样品分析结果出来后，立刻以 Excel 表方式上报市生态环境局应急办，并抄送××单位××人（电话/粤政易：××）。

五、质量保证与质量控制

除按照相关分析与采样标准做好质控工作外，特别注意采集高浓度样品后的采样器具对下一次样品采集的污染，做好采样工具和采样瓶的清洗工作。

××环境监测站

××年××月××日

附录二　应急监测报告格式

一、页边距

总体上为上 3.7 cm，下 3.5 cm，左 2.8 cm，右 2.6 cm，可微调 ±0.1 cm，该页边距框定的范围即为报告的版心。

二、字号与行间距

除报告标识、报告标题和页码外，报告全文均使用三号字体。除报告标识外，报告正文的行间距均设为 28～30 磅，特殊情况下可根据排版的需要微调。若无特殊说明，本格式参考中的"空×行"均指：仿宋三号字体，正文行间距为 28～30 磅。

三、报告标识

应急监测报告标识距离版心 35 mm（约 100 磅），可设版头行间距为 25 磅，空 4 行。标识名称为"环境应急监测报告"，使用小标宋（简）50 磅红色字体，标识行间距为固定值 50 磅。

四、报告期号

报告期号与报告标识之间空一行，报告期号不使用虚位数字（1 不编为 01），每一个突发环境污染事件从数字 1 开始独立编号。

五、编制单位和时间

在报告期号下方空一行，左右顶格对齐，分别为报告编制单位和报告编制时间。报告编制时间使用 24 小时制时间格式，精确到经审批后正式报出的分钟（如 2018 年 11 月 23 日 19：30）。编制单位下方有一粗细为 2.25 磅、与版心等宽的红色分隔线。

六、报告标题

报告标题与红色分隔线之间空两行，使用小标宋（简）二号字体（不加粗）。标题分一行或多行居中对齐，若标题过长需要换行，应注意断句完整、排列对称、长短适宜、间距恰当。有 2 行以上的标题排列时，一般情况下应为梯形或菱形，即"首行短，次行长"或"首尾短，中间长"的排列原则。

七、报告正文

报告正文与标题之间空一行，每个自然段首行缩进 2 字符。正文的层次和字体规定如下：

一级标题："一、，二、，三、……"，黑体，三号，两端对齐。

二级标题："（一），（二），（三）……"，楷体，三号，两端对齐。

三级标题："1.，2.，3. ……"，仿宋，三号，加粗，两端对齐。

四级标题："（1），（2），（3），（4）……"仿宋，三号，加粗，两端对齐。

段中分层："一是，二是，三是，四是"，仿宋，三号，加粗，两端对齐。

正文字体：仿宋，三号，两端对齐。

一般情况下，除总结性报告外，应急监测报告通常只用到两个层次。

八、报告附件

（一）附件清单。正文下方空一行，编排"附件"二字，后标全角冒号和附件名称。如有多个附件，使用阿拉伯数字标注附件顺序号（如"附件：1. ×××××"）。附件名称后不加标点符号，附件名称较长、需换行时，应当与上一行附件名称的首字对齐。

（二）附件内容排版。"附件"二字及附件序号用 3 号黑体字顶格编排在版心左上角第一行。附件标题与"附件×"之间空一行，字体格式与正文标题一致；附件序号和标题应当与附件清单一致；附件格式要求同正文一致。

九、版记及页码

（一）版记。使用仿宋、四号字体，从上至下依次为主送、抄送和编制人员，单行左右各空一字。版记格式为上下两条粗细为 0.35 mm（1.0 磅）的分隔线，"主送"和"抄送"之间无分隔线，"抄送"和"编制人员"之间使用粗细为 0.25 mm（0.75 磅）的分隔线。"主送"和"抄送对象"换行时与冒号后首字对齐。

（二）页码。使用四号半角宋体字。

十、表格格式

表头标题使用小标宋小二号字体，居中对齐，行间距与正文相同。为确保美观规范，表格行高可设为最小值 0.8 cm，字体大小根据排版需要设为小四或五号。表格的标题行和列使用黑体字，主体内容使用仿宋字体。

附录三　应急监测报告模板

环境应急监测报告

×××× 年　第 × 期

×××× （编制单位）　　　　　×××× （编制时间）

×××××××××事件

××。现将有关情况报告如下：

一、事件基本情况

××。

二、监测工作情况

××××××××××××××××××××××××××
×××××××××××××××××××××××××××
×××××××××××××××××××××××××××
×××××××。

三、监测结论和建议

××××××××××××××××××××××××××
×××××××××××××××××××××××××××
×××××××××××××××××××××××××××
×××××××。

附件：1. ×××××××
      2. ×××××××
      3. ×××××××
      4. ×××××××

附录四 应急监测报告范本

一、事件基本情况

××河下游××至××段的全部水电站和水坝均已关闭，××电站至××沟坝之间构筑完成××道临时拦截坝。应急处置组按照工作方案于××日××时开始稀释放流作业，通过事发地下游××km 电站内的清水和临时坝拦截的受污染水体按一定比例放流，逐级稀释降低污染团的浓度，截至目前稀释放流作业已持续××小时。

二、监测工作情况

××××年××月××日××时，应急监测组按照第××期监测方案完成了××期应急监测，持续监控稀释放流作业期间××至××段的水质变化情况。本期应急监测在××至××约××km 河段布设了××个断面，重点监控断面为××、××、××，主要监测项目为××，监测频次为××，监测点位表、监测点位图、监测数据表、监测趋势图等见附件。截至目前，应急监测组累计出动监测人员××人次，采集样品××个，报出应急监测数据××个。

三、监测结论与建议

本次应急监测按照《地表水环境质量标准》（GB 3838—2002）Ⅲ类标准评价。××月××日××时，监测数据表明，高浓度污染团正在通过××电站，该电站出水××浓度持续超标，最大浓度×× mg/L，超标××倍。通过对××时至××时期间共××期监测数据的分析，推测高浓度污染团大致位于××至××之间，长度约

××km，污染带前锋已抵达××附近，正以约××的速度向下迁移。从目前的污染团迁移降解趋势看，预计污染团抵达××水库时，××浓度将超过标准限值。

建议××时停止××电站放流作业，同时关闭××、××电站，在××电站坝下修筑临时坝，准备下一梯度的稀释放流。

下一步，应急监测组将对××至××段加密监测，密切监控污染团浓度和位置，同时加强与应急处置作业的协同配合，第一时间调整下一应急处置作业期间的应急监测方案。

附录五　应急监测简报范例

天嘉宜化工有限公司爆炸事件
应急监测简报

2019 年 4 月 8 日 10 时起，对 3 个环境空气点位、10 个地表水点位开展每 4 小时 1 次的加密监测。根据监测结果，4 月 10 日 6 时下风向 1 000 m、2 000 m、3 500 m 处各项 VOCs 监测指标均低于标准限值。新丰河闸内、三排河、新民支渠地表水超标严重，新农河闸内部分项目超标；新民河闸内、新丰河闸外达标。园区外下游、入海口水质持续达标；沿海自来水厂饮用水水源地水质持续达标。与 4 月 9 日 14 时相比，园区内新丰河闸内断面苯胺类、苯、甲苯、二氯甲烷、二氯乙烷、氨氮浓度均有不同程度的上升；三排河台舍北侧断面苯和二氯乙烷浓度上升，其余各指标均有所下降；新民支渠德力化工断面苯胺类、二氯甲烷、三氯甲烷、氨氮、甲苯浓度有所上升；新民支渠大和氯碱断面苯胺类浓度有不同程度的上升。

一、空气质量

4 月 10 日 6 时，事件地下风向 1 000 m、2 000 m、3 500 m 处苯、甲苯、二甲苯浓度均低于《室内空气质量标准》（GB/T 18883—2002）标准限值。二氧化硫、氮氧化物、一氧化碳、臭氧、$PM_{2.5}$、PM_{10} 浓度均低于《环境空气质量标准》（GB 3095—2012）二级标准限值。

二、地表水水质

新丰河（闸内）：4月10日6时监测发现，新丰河闸内水位仍有上涨，水体仍呈黑色。

监测结果显示：苯胺类质量浓度为63.6 mg/L，超出《地表水环境质量标准》（GB 3838—2002）标准限值635倍，浓度有波动，超标倍数仍处高位（见图1）。

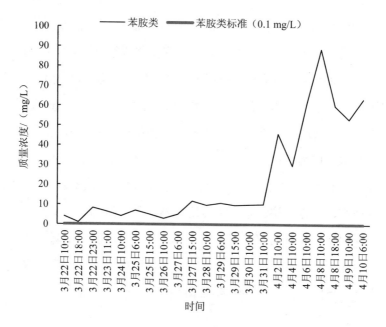

图1 新丰河闸内苯胺类质量浓度变化趋势

新丰河闸内苯质量浓度为0.083 mg/L，超标7.3倍，仍处于超标状态（见图2）。

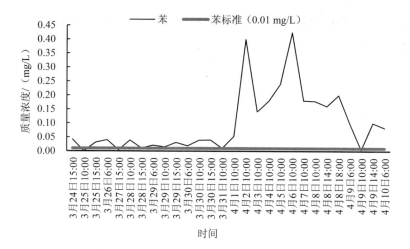

图 2　新丰河闸内苯质量浓度变化趋势

化学需氧量质量浓度为 880 mg/L，超标 21.0 倍，仍处于超标状态（见图 3）。

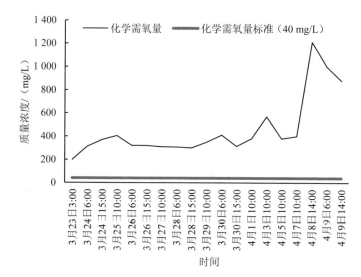

图 3　新丰河闸内化学需氧量质量浓度变化趋势

氨氮质量浓度为 157 mg/L，超标 77.5 倍。氨氮浓度有波动，仍持续超标（见图 4）。

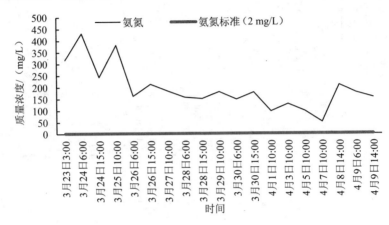

图4　新丰河闸内氨氮质量浓度变化趋势

二氯甲烷质量浓度为 0.945 mg/L，超标 46.3 倍，仍持续超标（见图 5）。

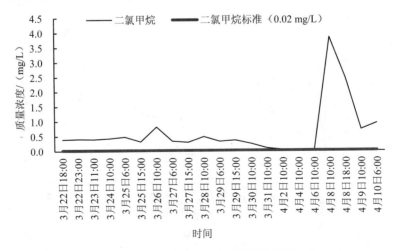

图5　新丰河闸内二氯甲烷质量浓度变化趋势

新丰河闸内其他监测指标中，硝基苯、二氯乙烷、甲苯等略有超标，超标倍数处于0.09～3.5倍。

新农河（闸内）：4月10日6时苯胺类和苯质量浓度为未检出（见图6）。

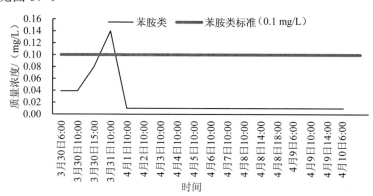

图6 新农河闸内苯胺类质量浓度变化趋势

化学需氧量质量浓度为 70 mg/L，超标 0.75 倍，仍处于持续超标状态（见图7）。

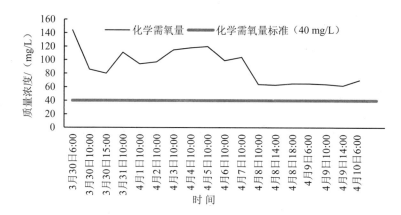

图7 新农河闸内化学需氧量质量浓度变化趋势

氨氮质量浓度为 1.00 mg/L，达地表水Ⅲ类标准（见图 8）。

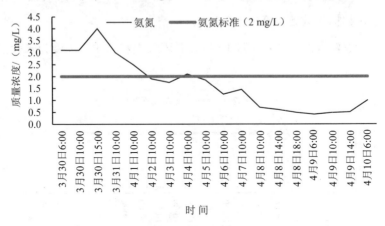

图 8　新农河闸内氨氮质量浓度变化趋势

新民河（闸内）：各项监测指标均低于标准限值。

三排河台舍北侧断面：苯胺类严重超标，质量浓度为 29.4 mg/L，超标 293 倍，仍持续超标（见图 9）。

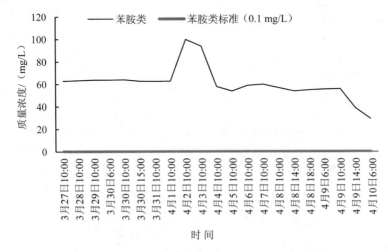

图 9　三排河台舍北侧断面苯胺类质量浓度变化趋势

化学需氧量质量浓度为 380 mg/L，超标 8.5 倍。化学需氧量仍处于超标状态（见图 10）。

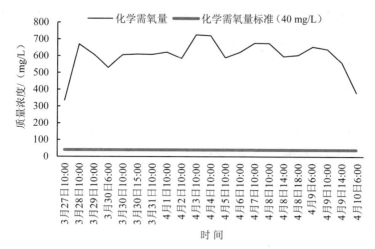

图 10　三排河台舍北侧断面化学需氧量质量浓度变化趋势

氨氮质量浓度为 72.3 mg/L，超标 35.2 倍（见图 11）。

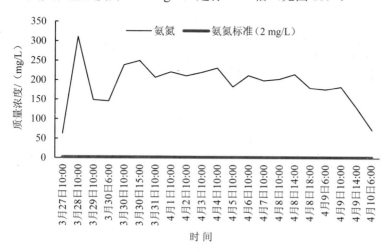

图 11　三排河台舍北侧断面氨氮质量浓度变化趋势

其他监测指标中，苯、二氯甲烷、二氯乙烷等略有超标，超标倍数处于 0.1～2.9 倍之间。

新民支渠德力化工断面：苯胺类质量浓度为 7.13 mg/L，超标 70.3 倍，仍持续超标（见图 12）。

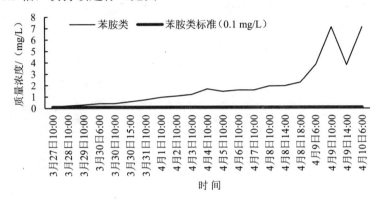

图 12　新民支渠德力化工断面苯胺类质量浓度变化趋势

苯质量浓度为 0.667 mg/L，超标 65.7 倍。浓度有波动，仍持续超标（见图 13）。

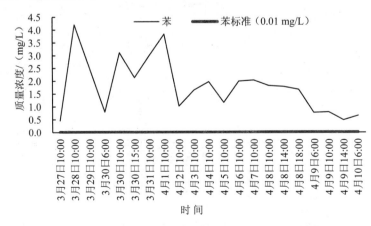

图 13　新民支渠德力化工断面苯质量浓度变化趋势

化学需氧量质量浓度为 571 mg/L，超标 13.3 倍，仍持续超标（见图 14）。

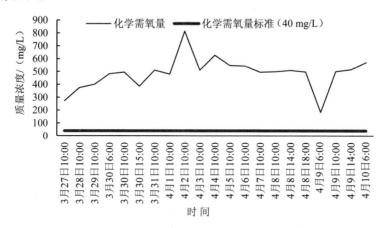

图 14 新民支渠德力化工断面化学需氧量质量浓度变化趋势

氨氮质量浓度为 15.2 mg/L，超标 6.6 倍，仍持续超标（见图 15）。

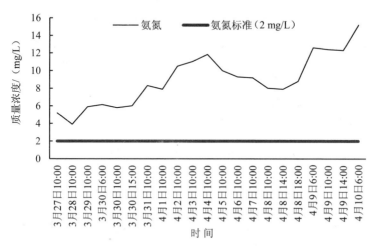

图 15 新民支渠德力化工断面氨氮质量浓度变化趋势

新民支渠德力化工断面硝基苯也有超标现象,超标 1.65 倍。

新民支渠大和氯碱断面:苯胺类质量浓度为 1.33 mg/L,超标 12.3 倍,仍持续超标(见图 16)。化学需氧量、氨氮、二氯甲烷也略有超标,超标倍数处于 0.45～1.66 倍之间。

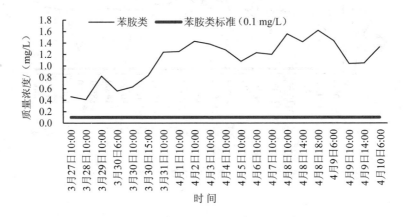

图 16　新民支渠大和氯碱断面苯胺类质量浓度变化趋势

新丰河闸外各项监测指标均低于标准限值。灌河园区下游 3 km、入海口至 4 月 10 日 6 时持续达标。

三、水源地水质

沿海自来水厂取水口各类有机物均为未检出,高锰酸盐指数为 5.0 mg/L,氨氮质量浓度为 0.157 mg/L,均符合饮用水水源地水质标准。

附件: 1. 4 月 10 日 6 时空气监测结果统计表

　　　 2. 4 月 10 日 6 时水质监测结果统计表

　　　 3. 重点断面主要超标项目统计表

附件 1

4月10日6时空气监测结果统计表

序号	点位名称	时间	SO_2质量浓度/($\mu g/m^3$)	NO_x质量浓度/($\mu g/m^3$)	CO质量浓度/(mg/m^3)	$PM_{2.5}$质量浓度/($\mu g/m^3$)	PM_{10}质量浓度/($\mu g/m^3$)	O_3质量浓度/($\mu g/m^3$)	苯质量浓度/(mg/m^3)	甲苯质量浓度/(mg/m^3)	二甲苯质量浓度/(mg/m^3)
1	事件发生地下风向1 000 m*	10日6:00	7	14	0.933	11	12	64	0.013	0.014	0.002
2	事件发生地下风向2 000 m	10日6:00	—	—	—	—	—	—	ND	0.003	ND
3	事件发生地下风向3 500 m	10日6:00	—	—	—	—	—	—	ND	ND	ND
	参考标准限值		500	250	10	75	150	200	0.11	0.2	0.2

注：事件发生地无法开展空气六参数监测，数据引用响水县职业中学空气自动监测站点数据。

附件2

4月10日6时水质监测结果统计表

单位: mg/L, pH 量纲一

编号	监测点位	日期	时间	苯胺类	硝基苯	三氯甲烷	二氯甲烷	二氯乙烷	化学需氧量	高锰酸盐指数	氨氮	pH	苯	甲苯
W1	新民河闸内	4月10日	6:00	ND	ND	ND	ND	ND	28	—	0.399	7.78	ND	ND
W2	新丰河闸内	4月10日	6:00	63.6	0.035	ND	0.945	0.135	880	—	157	6.79	0.083	0.765
W3	新农河闸内	4月10日	6:00	ND	ND	ND	ND	ND	70	—	1.00	7.62	ND	ND
W4	三排河合舍北侧	4月10日	6:00	29.4	0.009	ND	0.078	0.033	380	—	72.3	7.29	0.032	ND
W5	新民支渠大和氯碱断面	4月10日	6:00	1.33	ND	0.006	0.029	0.012	69	—	5.32	7.62	ND	ND
W6	新民支渠德力化工断面	4月10日	6:00	7.13	0.045	0.01	0.009	0.007	571	—	15.2	7.51	0.667	0.011
W7	灌河园区污口下游3 km	4月10日	6:00	ND	ND	ND	ND	0.003	—	4.7	0.087	7.65	ND	ND
W8	灌河园区入海口	4月10日	6:00	ND	ND	ND	ND	0.007	—	5.9	0.052	7.35	ND	ND
W9	新丰河闸外	4月10日	6:00	ND	ND	ND	ND	0.002	—	4.8	0.156	7.02	0.003	ND
	参考标准限值			0.1	0.017	0.06	0.02	0.03	40	15	2	6~9	0.01	0.7

附件 3

重点断面主要超标项目统计表

单位：mg/L

序号	时间	新丰河闸内				新农河闸内	
		氨氮	苯胺	二氯甲烷	化学需氧量	氨氮	化学需氧量
1	3月22日10：00	—	4.01	0.438	—	—	—
2	3月22日15：00	—	1.39	—	—	—	—
3	3月22日18：00	—	3.94	0.359	—	—	—
4	3月22日21：00	—	7.6	0.221	—	—	—
5	3月22日23：00	—	4.66	0.366	—	—	—
6	3月23日3：00	315	6.1	0.336	209	—	—
7	3月23日11：00	264	6.4	0.316	303	—	—
8	3月24日6：00	413	4.24	0.4	296	—	—
9	3月24日10：00	454	4.15	0.369	303	—	—
10	3月24日15：00	245	4.26	0.454	343	—	—
11	3月25日6：00	224	6.47	0.439	321	4.02	110
12	3月25日10：00	385	6.41	0.124	327	—	99
13	3月25日15：00	274	5.55	0.314	397	4.56	114

序号	时间	新丰河闸内				新农河闸内	
		氨氮	苯胺	二氯甲烷	化学需氧量	氨氮	化学需氧量
14	3月26日6:00	180	4.18	0.58	309	13.7	106
15	3月26日10:00	256	3.24	0.85	334	5.34	104
16	3月26日15:00	209	6.16	0.275	357	4.69	117
17	3月27日6:00	228	5.61	0.32	339	4.76	108
18	3月27日10:00	183	6.52	0.321	343	6.13	105
19	3月27日15:00	208	11.5	0.245	325	3.82	81
20	3月28日6:00	163	12.4	0.319	325	3.67	103
21	3月28日10:00	243	11.7	0.449	366	5.97	104
22	3月28日15:00	156	9.1	0.159	328	4.18	84
23	3月29日6:00	205	11.2	0.338	354	3.82	100
24	3月29日10:00	187	10.6	0.186	354	6.43	122
25	3月29日15:00	183	9.94	0.399	357	3.22	110
26	3月30日6:00	148	9.62	0.235	424	3.10	145
27	3月30日10:00	177	10.6	0.230	336	3.12	86
28	3月30日15:00	178	9.68	0.235	329	3.99	81
29	3月31日10:00	170	10.4	0.080	370	3.12	111
30	4月1日10:00	129	16.9	0.103	373	2.54	93

序号	时间	新丰河闸内				新农河闸内	
		氨氮	苯胺	二氯甲烷	化学需氧量	氨氮	化学需氧量
31	4 月 2 日 10: 00	97	45.1	0.044	421	2.09	96
32	4 月 3 日 10: 00	127	31.6	0.095	429	—	114
33	4 月 4 日 10: 00	127	29.8	0.054	570	2.03	119
34	4 月 5 日 10: 00	96.9	63.9	0.039	405	—	120
35	4 月 6 日 10: 00	84	61.7	0.091	353	—	100
36	4 月 7 日 10: 00	57	67.4	0.021	396	—	104
37	4 月 8 日 10: 00	248	88.6	3.85	552	—	65
38	4 月 8 日 14: 00	216	73.5	2.86	1 034	—	64
39	4 月 8 日 18: 00	195	70.1	2.30	1 216	—	66
40	4 月 9 日 6: 00	180	61.1	1.22	1 048	—	69
41	4 月 9 日 10: 00	157	68.2	1.01	955	—	68
42	4 月 9 日 14: 00	134	53.8	0.464	903	—	63
43	4 月 10 日 6: 00	157	63.6	0.945	880	—	70
	参考标准限值	2	0.1	0.02	40	2	40

附录六 应急监测总结报告范本

一、事件基本情况

××年××月××日××时××分左右，××接到群众反映，××。根据×××的调查结果，事件起因系××，所倾倒危险废物呈××状，是××，主要成分有××等（概述事情起因和主要污染物的成分、性状）。

（一）初步应急处置

××月××日××时，按照应急处置方案要求，×××关闭了××河××至××段全部电站及水坝……（概述各阶段的主要处置工作，下同）。

（二）污染团转移泄流

××月××日，根据监测结果，应急指挥部决定对事发地下游××km的××电站实施放流作业，××。

（三）××电站稀释放流

××月××日××时至××月××日××时，××电站及其坝后临时拦截坝按照应急处置方案实施稀释放流作业，××。

（四）××电站开闸泄流

××月××日××时，××电站下游××km的××电站开始放水泄流，××。

二、监测工作情况

××月××日至××月××日期间，应急监测组主要开展了5个阶段的应急监测，第一时间掌握污染事态，密切跟踪污染团的变化情况，为应急决策和处置提供了有力的技术支撑，各阶段主要监测数据及图表见附件。应急监测期间，应急监测组共制定监测方案××期，出动监测人员××人次，布设监测断面××个，采集样品××个，出具监测数据××个（首段概述监测工作总体情况）。

（一）初期污染事态应急监测

×××年××月××日××时××分，×××启动××级应急响应，组建的应急监测组于××月××日××时到达事件现场，制定应急监测方案并开展第 1 次应急监测，××（与前文的应急处置阶段一一对应，概述监测工作主要内容、得出的监测结论、提出的工作建议，下同）。

（二）污染团泄流应急监测

××月××日，××电站开始放流作业，为密切跟踪污染团的迁移速度和降解趋势，××。

（三）××电站稀释放流应急监测

××月××日，为准确掌握××电站稀释放流作业的处置效果，进一步跟踪污染团在××至××河段的迁移变化情况，××。

（四）全线放流应急监测

××月××日，为持续跟踪全线放流后××河水质变化，确保下游××水库入库水质达标，××。

三、经验和不足

本次××河水污染事件应急响应中，应急监测组积极动员、服从指挥，全力配合应急处置工作，密切跟踪污染事态变化，为应急决策和处置提供了有力的技术支撑，但在监测工作中仍遇到一些困难，暴露出××等方面存在的不足。

（一）经验做法

（总结该次应急监测过程中值得肯定、推广和发扬并且对今后应急监测工作开展有启发作用和借鉴意义的亮点和经验。）

（二）困难和不足

（总结该次应急监测过程中在组织管理、监测能力、应急装备、后勤保障等方面暴露出的问题，找准导致问题的关键所在。）

（三）有关工作建议

（与困难和不足一一对应，提出能够推动落实、行之有效的工作改进建议和措施。）

附件（略）

附录七　典型特征污染物应急处置工艺

应急处置水体中金属和类金属污染时，一般采用化学混凝沉淀法；应急处置有机物污染时，一般采用吸附法去除；应急处置还原性物质污染时，一般采用化学氧化法去除。

表 1　典型特征污染物应急处置工艺

类别	污染物	应急处置工艺	典型案例
金属和类金属	砷	预氧化+铁盐混凝沉淀	2008 年贵州都柳江砷污染事件、2012 年湖南广东武江跨省界砷污染事件
	铊	氧化、混凝沉淀	2016 年江西仙女湖水体镉铊污染事件、2013 年贺江镉铊污染事件、2018 年赣湘渌江跨省铊污染事件
	锑	铁盐混凝沉淀	2011 年湖南广东武江跨省界锑污染事件、2015 年甘陕川锑污染事件
	钼	PAM 助凝沉淀、铁盐混凝沉淀	2017 年栾川钼污染事件、2020 年伊春鹿鸣矿业钼污染事件
	铬	硫酸亚铁还原混凝沉淀	2014 年陕西商洛商鑫阳矿业公司铁矿尾矿浆泄漏汞铬超标事件
	镉	碱性混凝沉淀、硫化物沉淀	2005 年广东北江镉污染事件、2005 年湖南省湘江株洲至长沙段镉超标事件、2012 年龙江镉污染事件、2013 年贺江镉铊污染事件、2016 年江西仙女湖镉铊污染事件、2018 年河南洛阳铅锌尾矿砂泄漏事件
	汞	硫化物沉淀、碱性混凝沉淀	2014 年陕西商洛商鑫阳矿业公司铁矿尾矿浆泄漏汞铬超标事件
	镍	硫化物沉淀、碱性混凝沉淀	—
	铅	硫化物沉淀、碱性混凝沉淀	2018 年河南洛阳铅锌尾矿砂泄漏事件

类别	污染物	应急处置工艺	典型案例
金属和类金属	铜	硫化物沉淀、碱性混凝沉淀	2010 年福建紫金矿业集团紫金山金铜矿湿法厂含铜酸性溶液泄漏污染事件、2013 年安徽铜陵金隆铜业公司电解槽泄漏事件
	银	硫化物沉淀、碱性混凝沉淀	—
	锌	硫化物沉淀、碱性混凝沉淀、碳酸盐沉淀	2013 年河北唐山陡河水库输水明渠铁锌污染事件
	锰	碱性混凝沉淀	2017 年湖南省娄底市升平河铁锰超标事件
	铍	碱性混凝沉淀	—
	钡	碱性混凝沉淀、硫酸盐沉淀	—
	铝	PAM 助凝沉淀、化学沉淀	2013 年广西百色铝矿排泥库泄漏事件
	铁	碱性沉淀、氧化沉淀	2013 年河北唐山陡河水库输水明渠铁锌污染事件、2017 年湖南省娄底市升平河铁锰超标事件、2020 年陕西汉中尾矿库泄漏事件
有机物	苯	吸附、芬顿氧化	2012 年湖南省郴州资兴市科盛化工粗苯储罐泄漏事件、2015 年山东东营滨源化学公司苯储罐燃爆事件、2019 年四川雅安"7·7"苯泄漏事件
	甲苯	吸附	—
	硝基苯	吸附	2005 年松花江污染事件
	四氯苯	混凝沉淀、吸附	
	六氯苯	混凝沉淀、吸附	

类别	污染物	应急处置工艺	典型案例
有机物	挥发酚类（苯酚）	吸附、氧化	2013 年漳河苯胺苯酚污染事件、2015 年四川省内江市建业鑫茂瓷业公司煤气冷凝水违法排放挥发酚氰化物超标事件、2018 年陕西留坝粗酚泄漏事件
	DDT	吸附	—
	六六六	吸附	—
	四氯化碳	吹脱	—
	苯胺类	自然降解、吸附、芬顿氧化	2013 年漳河苯胺苯酚污染事件、2019 年响水"3·21"特别重大爆炸事件
	石油类	混凝、吸附	2012 年湖南邵阳宝庆煤电公司柴油泄漏事件、2014 年茂名白沙河石油类污染事件、2016 年伊犁河流域柴油罐车泄漏事件、2019 年陕西宝鸡凤县 212 省道柴油泄漏事件
还原性物质	氰化物	氧化	2008 年辽宁省东港市五龙金矿输灰管爆裂氰化物超标事件、2015 年四川省内江市建业鑫茂瓷业公司煤气冷凝水违法排放挥发酚氰化物超标事件、2016 年天津港"8·12"特别重大火灾爆炸事件
	硫化物	化学氧化	—
	低价态重金属离子（Mn^{2+}、Tl^+、As 等）	预氧化+混凝沉淀	2013 年贺江镉铊污染事件、2016 年江西仙女湖水体镉铊污染事件

附录八 典型案例一

"4·2"肇庆市新荣昌环保股份有限公司火灾应急监测

摘要：2020 年 4 月 2 日 21 时，位于肇庆市高要区白诸镇廖甘工业园的肇庆市新荣昌环保股份有限公司（以下简称"新荣昌公司"）临时仓库发生火灾事件，事件消防废水流入外环境引起突发环境污染事件。该仓库内主要存放油性污泥、废树脂、废抹布、包装物等约 5 000 t 危险废物，消防废水产生的水污染因子主要是 pH、铜、镍。消防废水经厂外排渠流入白诸水，白诸水经新兴江流入西江。事件发生后，广东省生态环境厅、广东省环境监测中心、肇庆市生态环境局、肇庆市环境保护监测站（肇庆市环境科学研究所）、高要区环境保护监测站三级联动，迅速启动了突发环境污染事件应急预案，了解事件现场情况，科学制定监测方案，组织现场监测，及时提供准确监测数据，为现场处理处置和指挥提供决策依据。监测结果表明，本次突发环境污染事件未对西江水质造成影响，未发生人员伤亡情况。

关键词：镍 铜 pH 火灾 水体 环境空气

一、应急监测启动
（一）应急接报

2020 年 4 月 2 日 23 时，接到肇庆市生态环境局关于新荣昌公司临时仓库发生火灾事件电话通报后，肇庆市环境保护监测站（肇庆市环境科学研究所）立即启动突发环境污染事件应急预案，迅速组织监测人员开展监测工作，并将事件情况通报给广东省环境监测中心。广东省环境监测中心接报后，立即派出技术人员赶赴事件现场，协助开展环境应急监测工作。

（二）现场情况

事发现场火势较大，间或有爆炸声，但事件并未造成人员伤亡，空气中弥漫着刺激性气味，附近地区环境质量受到一定影响。事件企业周边 3 km 范围内有 13 个居民住宅、活动区敏感点，最近的敏感点距离事件企业约 1 km。现场消防废水通过厂外排渠流入白诸水，排渠到白诸水长约 2 km，白诸水到新兴江长约 5 km，新兴江到西江长 18 km；新兴江汇入西江后，下游约 1 km 为西江东区水厂饮用水水源保护区二级保护区上边界（东区水厂设计日供水量 5.5 万 m³）。

（三）污染物特性

镍是重金属元素。镍具有积蓄性、对人体危害较大，可在人体各器官中积累，以肾、脾、肝中最多。人体皮肤接触镍可引起皮炎、皮肤剧痒，后出现丘疹、疱疹及红斑，重者化脓、溃烂。长期接触镍，能使人头发变白、神经衰弱、代谢紊乱，还能诱发癌症。

铜是常见金属元素，也是人体所需微量元素。受铜污染的水体中的铜容易被鱼类等吸收，富集到脂肪里，再通过食物链转移到人体。当人体内残存了大量的铜后，对身体内的脏器造成负担，特别是肝和胆，当这两种器官出现问题后，人体内的新陈代谢就会出现紊乱，出现肝硬化、肝腹水甚至更为严重的病症。

二、应急监测方案

（一）人员分工

肇庆市环境保护监测站（以下简称"市站"）接报后，立即启动应急预案,各科室按《肇庆市环境保护监测站应急监测操作手册》开展工作,主要分为现场采样组、样品交接组、分析测试组、数据报送组和综合分析组等,市站站长担任监测总指挥。本次应急监测共出动监测人员约 800 人次,车辆约 620 辆次。

1. 点位布设

市站综合业务室首先根据环评资料和卫星地图确认事发地点的周边敏感点和水系情况,初步制定监测方案,然后与市站监测室人员进行现场实地调查,进一步明晰地理、气象、水文等信息,查看截污水坝的位置、水流去向并根据反馈信息对监测方案进行优化。

2. 现场监测

4 月 2 日 23:30,开始第一次现场监测,到 4 月 11 日 9 时,应急监测终止,此次应急监测总共历时 10 天。其中环境空气监测于 4 月 4 日 16 时结束,水质监测于 4 月 11 日 9 时结束,后续还开展了 3 天的水质跟踪监测。监测人员在做好个人防护的前提下开展现场监测,未发生个人安全事件。

3. 样品运输及分析

样品运输由样品交接组统筹调度,指挥人员和车辆开展样品运输工作,确保样品及时无误送达实验室;样品分析方面,根据实时情况,市站、高要站、新荣昌公司实验室联动监测,经实验室比对后,果断部署现场高浓度废水监测任务由事发企业实验室负责,水环境质量样品送市站实验室分析。截至 4 月 11 日 9 时,共计采集 996 个样品,累计出具监测数据 3 241 个(其中水环境监测数据 3 159 个)。

4. 材料报告

由市站综合业务室承担方案调整、结果审核、数据报送和快报编写工作，根据指挥部要求制作污染物流程变化图和浓度趋势图，进行分析预判。本次应急监测中共编制环境应急监测快报 16 期、废水应急监测方案 15 个、废气应急监测方案 2 个、环境应急监测简报 3 份，为各级领导及时掌握事件发展动态、指挥事件处理处置、控制舆情提供了重要支撑。

（二）监测布点

环境空气：根据事件发生地的风向、敏感点的地理位置情况，共布设格塘村、留墩村、白诸镇区等 9 个监测点位，详见图 1。

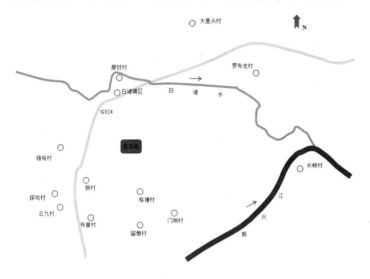

图 1　环境空气监测点位分布示意

地表水：应急监测期间，随着污染物的迁移，对地表水监测布点做过一定的调整，在事件点排水渠、白诸水、新兴江、西江共布设 16 个监测断面，详见图 2。

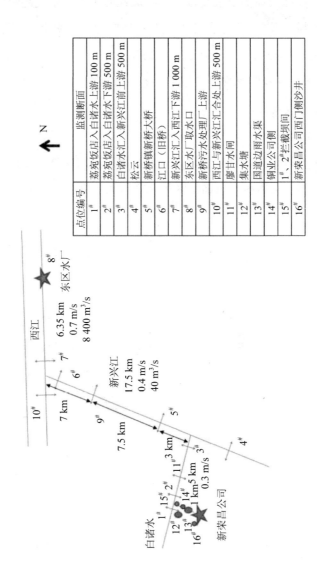

点位编号	监测断面
1#	荔苑饭店入白诺水上游100 m
2#	荔苑饭店入白诺水下游500 m
3#	白诺水汇入新兴江前上游500 m
4#	松云
5#	新桥镇新桥大桥
6#	江口（旧桥）
7#	新兴江汇入西江下游1 000 m
8#	东区水厂取水口
9#	新桥污水处理厂上游
10#	西江与新兴江汇合处上游500 m
11#	廖甘水闸
12#	集水塘
13#	国道边雨水渠
14#	铜业公司侧
15#	1#、2#拦截闸间
16#	新荣昌公司西门侧沙井

图2　地表水监测断面分布示意

（三）监测因子的确定

环境空气：监测因子为 TVOC。

地表水：经筛查，最后确定主要监测因子为 pH、镍、铜。

（四）监测频次

环境空气：初期每 2 h 监测 1 次，到后期每天 8 时、14 时、20 时各监测 1 次。

地表水：初期每 2 h 监测 1 次，中期根据需要每小时加密监测 1 次，到后期每 8 h 监测 1 次，应急响应终止后开展连续 3 天、每天 1 次的跟踪应急监测。

环境空气和地表水监测频次根据现场监测方案要求实时调整。

（五）监测方法的选择

环境空气中 TVOC 使用便携式 PID 气体检测仪法监测。

地表水中铜、镍使用《水质 65 种元素的测定 电感耦合等离子体质谱法》（HJ 700—2014）监测；pH 使用《水质 pH 值的测定 玻璃电极法》（GB/T 6920—1986）监测。

（六）监测仪器

环境空气监测中使用便携式 PID 气体检测仪、便携式 pH 计；地表水监测中使用电感耦合等离子体质谱仪等。

三、监测结果及污染评估

（一）环境空气

事件发生后，环境空气监测持续了两天，各监测点 TVOC 浓度均低于《住宅设计规范》（GB 50096—2011）参考标准；4 月 3 日 5 时 30 分左右，事件现场明火被扑灭，4 月 4 日 16 时终止环境空气应急监测。

（二）地表水

经筛查，最后确定主要监测因子为 pH、镍、铜。

pH：4 月 3 日 5 时，在第 2 监测点位荔宛饭店入白诸水下游 500 m 处出现峰值 2.83，超标 3.17 个 pH 单位，随后逐步平稳。4 月 3 日 16 时后，白诸水、新兴江和西江各监测断面 pH 测得值符合《地表水环境质量标准》（GB 3838—2002）基本项目 Ⅱ 类标准限值要求。

镍是这次事件的主要污染物，4 月 3 日 7 时在第 2 监测点位荔宛饭店入白诸水下游 500 m 处出现峰值 0.785 mg/L，随后浓度逐渐下降，较为平稳。4 月 5 日 22 时，在第 5 监测点位新桥镇新桥大桥，镍浓度突然升高，出现第二峰值 0.413 mg/L。这是由于罗布水闸开闸，之前堵截的废水流入新兴江，以致出现第二峰值，随后至应急监测终止，镍浓度持续平稳。主要污染物镍质量浓度变化趋势见图 3。

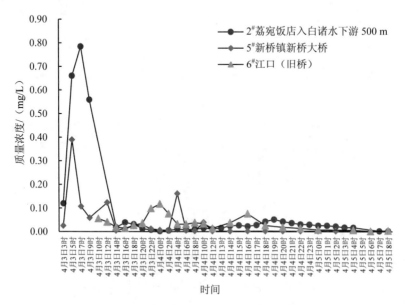

图 3　主要控制断面镍质量浓度变化趋势

铜：4月3日7时在第2监测点位荔宛饭店入白诸水下游500 m处出现峰值3.353 mg/L，超标2.35倍，随后逐步平稳。4月3日12时后，白诸水、新兴江和西江各监测断面铜测得值符合《地表水环境质量标准》（GB 3838—2002）基本项目Ⅱ类标准限值要求。

四、总结与建议

（一）总结

1. 高度重视，及时响应。4月2日23时接到事件通报，4月2日23：30开始第一次现场监测，4月3日3时出具第1期监测快报，前后耗时4 h。

2. 统筹调度，密切衔接。统筹全市监测资源，实现"一方有难，八方支援"的团队精神；建立简易样品流转中心，专人专车运送，做到无遗失、无错漏；采取轮换工作制，监测紧张有序、忙而不乱开展，做到人员安全、设备正常、数据及时。

3. 深入分析，科学研判。结合水文资料，借助广东省环境监测中心水动力模型，及时捕捉污染团，合理推算污染团的消减稀释浓度。

4. 未雨绸缪，常备不懈。及时修订应急值班制度；动态管理应急资料文档，根据新发布技术规范，及时修订应急快报、应急预案、应急手册等文件，力争做到管理规范化；定期盘点应急物资和开展多形式的应急培训和演练。

（二）存在问题

1. 应急意识亟待加强。风险意识有待加强、临场应对不够充分，未能做到现场快速全面定性分析。

2. 沟通协调渠道有待畅通。应急监测、应急处置和污染排查等工作信息沟通不够充分，未能及时对应急工作全过程进行动态优化和评估。

3．环境污染大气应急监测能力薄弱。7个县（市、区）站除高新区站外，均不具备大气应急监测能力，且鲜有开展大气应急演练和培训。

（三）建议

1．加强应急监测机制建设，注重应急监测演练。健全环境应急监测预案和实用操作手册，确保响应快速、行动到位、数据准确、信息报送及时。注重应急演练实效，提高应急监测的效能。

2．提高应急能力建设，打造特色监测网络。针对区域污染源和风险源，强化应急监测能力建设，因地制宜打造具有地方特色的应急监测网络。

3．统筹应急监测资源，实现信息共建共享。加强区域政府、社会、企业等监测资源统筹，打通地理、气象、水文等信息沟通渠道。建立和完善监测资源综合数据库，对接环境大数据，开发软件，动态管理和应用生态监测网络信息。

4．健全应急处置信息沟通机制，实现应急处置流程科学动态管理。强化执法、处置和监测之间的协调联动，互通实时应急处置措施、工作进度及监测数据，实现信息资源共建共享，及时优化调整应急措施、科学合理分配监测资源。

附录九　典型案例二

"1·14"珠海长炼石化设备有限公司重整与加氢装置闪爆事件应急监测

摘要：2020 年 1 月 14 日 13 时 40 分，珠海长炼石化设备有限公司重整与加氢装置预加氢单元发生闪爆。事发后，广东省环境监测中心、珠海市环境监测站、珠海市西部监测分站三级联动，迅速启动了突发环境污染事件应急监测预案，了解事件现场情况，科学制定监测方案，组织现场监测，为事件处置、指挥提供决策依据。生态环境部环境应急与事故调查中心主任赵群英赶赴现场指导处置工作，中国环境监测总站应急室主任康晓风现场指导应急监测工作。由于事件处置及时，消防废水未对黄茅海水质造成明显影响，爆炸产生的烟雾虽然产生一定的异味，但异味很快消除，事件周边敏感点少，未发生人员伤亡情况。

关键词：石脑油　苯　甲苯　二甲苯　地表水　环境空气

一、应急监测启动

（一）应急接报

接到珠海长炼石化设备有限公司重整与加氢装置预加氢单元闪爆事件应急监测任务后，珠海市环境监测站立即启动应急监测预案，组织监测人员在 1 h 内赶赴事件现场，开展应急监测工作。广东省环境监测中心于 1 月 14 日 16 时 10 分接到应急监测任务后，立即指派相关人员赶赴事件现场，组织协调环境应急监测工作。

（二）现场情况

现场明火已被扑灭，但仍有白烟冒出，消防员用高压水枪给装置喷水降温，部分消防废水直接进入雨水管网。珠海市生态环境局督促该企业关闭厂区雨水管网，用挡水板封堵雨水排放口，但仍有少量石脑油、苯系物随消防废水由雨水口排入厂区附近北七路排洪渠（该雨水口距黄茅海约 3.5 km）。1 月 15 日早晨，事件处置组在排洪渠设置了两道截污坝，并将排洪渠内污水抽至附近南水污水处理厂进行处理。空气中弥漫着重油的气味，附近空气质量受到一定影响，但无人员伤亡。事件发生时为东南风，最大风速 3 级，利于有害气体扩散。

（三）污染物特性

石脑油又称溶剂油，主要有害成分为丁烷、戊烷和己烷。其蒸气可引起眼及呼吸道刺激症状，如果其浓度过高，几分钟即可引起呼吸困难、紫绀等缺氧症状。急性中毒症状有头晕、头疼、兴奋或嗜睡、恶心、呕吐、脉缓等，重症者可突然倒下，意识丧失甚至呼吸停止。

苯系物（苯、甲苯、二甲苯等）常温下比水轻，是无色透明易燃液体，有芳香气味，对人体的危害途径有吸入、食入、皮肤吸收等。短期内吸入较高浓度的苯系物会出现眼及上呼吸道刺激、眼结膜及咽喉充血、头晕、恶心、呕吐、胸闷、四肢无力、意识模糊等症状。长期接触会导致神经衰弱综合征、皮肤干燥、皲裂。苯系物中苯具有较强的致癌性。

二、应急监测方案

（一）人员分工

2020 年 1 月 14 日 16 时，珠海市环境监测站与珠海市西部监测分站应急监测人员到达事件现场后，察看了事件现场周边情况，初步确立了环境空气监测点位和地表水及废水监测断面，明确了人员分工及监测要求。珠海市西部监测分站主要利用便携式气相色谱-质谱联用仪、大气 VOCs 监测走航车等应急监测设备进行空气质量监测，珠海市环境保护监测站负责水样采集和分析。广东省环境监测中心应急监测人员到达现场后，协调制定监测方案、报送监测数据。

1．现场调查

先期赶赴现场的监测人员仔细踏勘了现场情况。收集了地理、水文等相关资料，弄清了排水渠水流方向、长度、大气敏感点分布情况，监测了现场气象参数，为监测布点提供了依据。

2．现场监测

从 1 月 14 日 16 时开始第一次现场监测，到 1 月 19 日应急监测终止，此次应急监测历时 5 天。其中环境空气监测到 1 月 17 日凌晨结束，水质监测到 1 月 19 日 16 时结束。监测人员在做好个人防护、确保人身安全的情况下开展现场监测，没有发生个人安全事件。

3．样品分析

此次应急监测共计采集 200 多个水质样品，出具约 1 100 个大气和地表水监测数据，共出动 186 人次进行水样采集，大气监测在现场完成，水样分析在珠海市环境保护监测站完成，南水污水处理厂对进入该厂的排洪沟废水进行了监测。

4．材料报告

应急监测工作中，共编制监测结果快报 6 期，发布监测方案 6 份，监测数据结果实时以电子文档形式发送至应急指挥部，为各级领导及时掌握事件发展动态、指挥事件处置、控制舆情提供了重要支撑。

5. 后勤保障与通信

"1·14"珠海长炼石化设备有限公司重整与加氢装置闪爆事件应急监测中，出动监测人员约 186 人次进行样品采集，出动车辆 90 多辆次，设置了专门的后勤保障组，以保障应急监测各环节的有效运行。监测信息、资料通过电话、网络、电子邮件等形式报送国家、省、市各级部门，及时、准确地为政府决策提供监测信息，为社会公众提供污染动态。

（二）监测布点

环境空气：根据事件发生地的风向、敏感点的地理位置情况，在距离事件点最近的敏感点高栏港大厦布设固定监测点（直线距离约 700 m），并利用大气 VOCs 监测走航车在事件点周边实时监测大气中挥发性有机物浓度。

废水和地表水：应急监测期间，共设置了 3 个地表水监测断面、1 个废水监测断面。监测点位布设情况详见图 1。

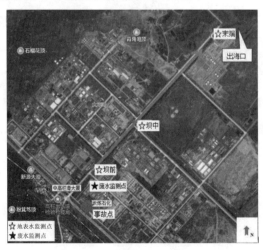

图 1　监测点位示意

（三）监测因子的确定

环境空气：根据事件的具体情况，确定敏感点环境空气监测因子为苯、甲苯、对（间、邻）二甲苯、非甲烷总烃、气象参数；大气 VOCs 监测走航车监测挥发性有机物。

地表水：在应急监测不同阶段，对地表水监测因子做过一定的调整，重点监测苯、甲苯、对（间、邻）二甲苯、石油类等。

（四）监测频次

环境空气：2020 年 1 月 14—15 日，敏感点环境空气每 1 h 监测 1 次，1 月 16 日每 2 h 监测 1 次。

地表水：在全面达标前（1 月 14—16 日 15 时 30 分），每 2 h 监测 1 次，达标后每 4 h 监测 1 次，连续监测 1 天；1 月 18—19 日每天监测 1 次后终止应急监测。

（五）监测方法的选择

环境空气中苯系物的测定使用便携式气相色谱-质谱联用法及大气 VOCs 监测走航车法，非甲烷总烃依据《环境空气和废气　总烃、甲烷和非甲烷总烃便携式监测仪技术要求及检测方法》（HJ 1012—2018）。

地表水和废水中苯系物的测定依据《水质　挥发性有机物的测定　吹扫捕集/气相色谱-质谱法》（HJ 639—2012）；地表水石油类测定依据《水质　石油类的测定　紫外分光光度法》（HJ 970—2018）；废水中石油类的测定依据《水质　石油类和动植物油的测定　红外分光光度法》（HJ 637—2018）。

（六）监测仪器

环境空气监测中使用便携式气质联用仪、大气 VOCs 监测走航车、便携式非甲烷总烃监测仪、便携式气象参数测定仪；地表水监测中使用台式吹扫捕集和气相色谱/质谱联用仪、红外测油仪等。

三、监测结果及污染评估

1. 环境空气

事件发生后，环境空气监测持续 3 天。敏感点高栏港大厦处苯最高质量浓度为 0.087 mg/m³、甲苯最高质量浓度为 0.064 mg/m³、二甲苯最高质量浓度为 0.076 mg/m³、非甲烷总烃最高质量浓度为 0.22 mg/m³；大气 VOCs 监测走航车监测结果中，苯最高质量浓度为 0.100 mg/m³、甲苯最高质量浓度为 0.181 mg/m³、二甲苯最高质量浓度为 0.152 mg/m³、非甲烷总烃最高质量浓度为 0.80 mg/m³；在敏感点及走航车途经区域，苯、二甲苯浓度均低于中国居住区大气中有害物质最高允许浓度限值，甲苯最高浓度高于正常环境浓度水平；非甲烷总烃最高浓度低于河北省《环境空气质量 非甲烷总烃限值》一级标准限值。

2. 地表水

监测期间，北七路排洪渠上段水质石油类最高质量浓度为 11.5 mg/L，苯最高质量浓度为 0.659 mg/L；北七路排洪渠中段水质石油类最高质量浓度为 1.28 mg/L，苯最高质量浓度为 0.033 7 mg/L；排洪渠上段与中段水质其他监测因子甲苯、二甲苯、氨氮和总磷等都有不同程度的超标。排洪渠上段和中段拦截坝中的水均抽至附近的南水污水处理厂处理。

北七路排洪渠末段水质石油类最高质量浓度为 2.5 mg/L，自 1 月 15 日 24 时起持续达标。苯最高质量浓度为 0.054 7 mg/L。其他监测因子于 1 月 16 日 15 时 30 分全面达标。监测期间部分污染物质量浓度变化趋势见图 2～图 5。

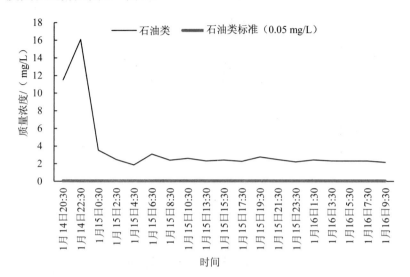

图 2　北七路排洪渠上段水质石油类质量浓度变化趋势

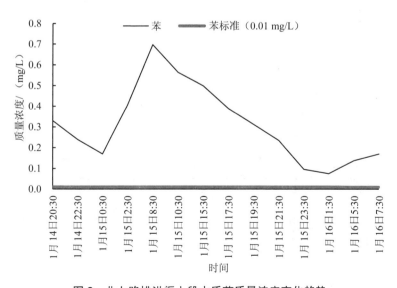

图 3　北七路排洪渠上段水质苯质量浓度变化趋势

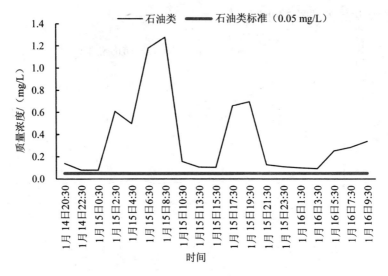

图 4 北七路排洪渠中段水质石油类质量浓度变化趋势

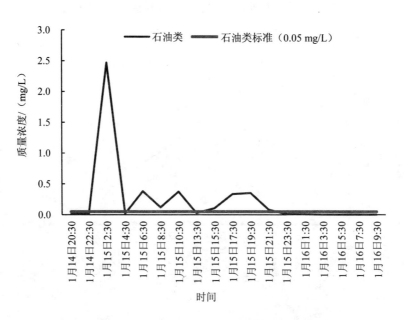

图 5 北七路排洪渠末段水质石油类质量浓度变化趋势

四、总结与思考

1. 事件发生后，及时关闭了厂内雨水闸门，未造成大量消防废水外排，通过两道截污坝将部分外排的消防废水拦截在排洪渠中，并抽到附近污水处理厂进行处理，未对黄茅海造成明显污染。

2. 整个应急监测过程中，根据污染状况的变化情况及生态环境部华南环境科学研究所专家的要求，监测方案共调整 6 次。

3. 对北七路排洪渠地表水使用《地表水环境质量标准》（GB 3838—2002）表 1 的Ⅲ类标准限值评价，错误地提高了评价标准，建议在以后的应急监测过程中，对没有水质类别规划的地表水使用Ⅴ类标准限值评价。

4. 未对事件进行级别判定，调配的应急监测人员数量较少，在一定程度上影响了应急监测的速度，监测数据报送较迟缓。

附录十 典型案例三

"9·3"粤赣高速河源市和平县往江西方向危化品车辆交通事件二甲苯泄漏应急监测

摘要： 2019 年 9 月 3 日中午 12 时，粤赣高速河源市和平县往江西方向大路岗隧道发生一起危化品车辆与一辆货车追尾事件，导致一辆装载约 29 t 二甲苯的危化品车辆发生泄漏，泄漏的二甲苯通过隧道排水道流入和平县大坝镇银湖村小河中（该河经石谷河、鹅塘河汇入和平河并最终流入东江）。事发后，广东省环境监测中心、河源市环境监测站、和平县环境监测站三级联动，迅速启动了突发环境污染事件应急预案，了解事件现场情况，科学制定监测方案，组织现场监测，及时提供准确监测数据，为现场处理处置和指挥提供决策依据。生态环境部委派生态环境部华南环境科学研究所、珠江流域南海海域生态环境监督管理局相关专家赶赴现场指导。本次二甲苯泄漏污染事件未对东江水质造成影响，未发生人员伤亡情况。

关键词： 二甲苯　泄漏　水体　环境空气

一、应急监测启动

（一）应急接报

2019 年 9 月 3 日 13 时 30 分，接到河源市应急管理局关于粤赣高速危化品车辆交通事件二甲苯泄漏情况电话通报后，河源市生态环境局立即启动突发环境污染事件应急预案，迅速组织河源市环境监测人员开展监测工作，并将事件情况通报给广东省生态环境厅。广东省生态环境厅接报后，立即指派广东省环境监测中心相关人员赶赴事件现场，组织协调环境应急监测工作。

（二）现场情况

在现场，二甲苯等污染物通过隧道的排水道流入和平县大坝镇银湖村小河中，事发地地面已被消防员清理干净，空气中弥漫着刺激性气味，附近地区受到影响，但无人员伤亡。事件发生时风向为东北向，风速 2.8～3.5 m/s，利于有害气体扩散。应急处置人员用吸油棉、活性炭设置了五道水坝，对流入小河的污染物进行拦截，并对小河中的污染物进行打捞清理。当地政府已组织相关人员严密监控事件态势。

（三）污染物特性

二甲苯在常温下是一种比水轻、无色透明的易燃液体，有类似甲苯的芳香气味。二甲苯对人体的危害途径有吸入、食入、皮肤吸收等。短期内吸入较高浓度二甲苯会导致眼及上呼吸道刺激、眼结膜及咽喉充血、头晕、恶心、呕吐、胸闷、四肢无力、意识模糊等症状。长期接触会导致神经衰弱综合征、皮肤干燥、皲裂等症状。事件现场弥漫着二甲苯特殊的芳香味，倾泄入水中的二甲苯漂浮在水面上或呈油状物分布在水面，可造成鱼类和其他水生生物的死亡。二甲苯为易燃、易爆有机物，其蒸气与空气可形成爆炸混合物，遇明火、高热将引起燃烧爆炸，与氧化剂能发生强烈化学反应。流速过快时，容易产生和积聚静电。其蒸气密度比空气大，能在较低处扩散，遇明火会引起回燃，燃烧产物为一氧化碳、二氧化碳和水。

二、应急监测方案

（一）人员分工

2019 年 9 月 3 日 15 时，河源市环境监测站应急监测人员到达和平县环境监测站后，立即召开了应急监测工作会议，就本次事件环境空气、地表水环境污染情况进行讨论，初步确立了环境空气监测点位和地表水监测断面，明确了人员分工及监测要求。

应急监测会议把现场人员分为现场采样监测组、样品分析组、材料报告组和后勤保障与通信组，河源市环境监测站站长担任监测总指挥。样品由后勤人员送至河源市环境监测站分析。

2019 年 9 月 3 日 20 时，广东省环境监测中心支援人员携带 2 台便携式气质联用仪及 1 台便携式吹扫捕集仪赶到现场，协助现场指挥，并承担样品分析工作，同时将全部样品分析工作集中在和平县环境监测站进行，大大减少了送样时间。

1. 现场调查

先期赶赴现场的监测人员仔细踏勘了现场情况，收集了地理、水文等相关资料，察看了截污水坝的位置、水流去向，弄清了敏感点分布情况，监测了现场气象参数，为监测布点提供了依据。

2. 现场监测

从 9 月 3 日 16 时开始第一次现场监测，到 9 月 10 日 10 时应急监测终止，此次现场应急监测总共历时 8 天。其中环境空气监测到 9 月 4 日 16 时结束，水质监测到 9 月 10 日 10 时结束。监测人员在做好个人防护、确保人身安全的情况下开展现场监测，没有发生个人安全事件。

3．样品分析

此次应急监测共计采集 300 多个样品，出具约 2 000 个大气、地表水监测数据，大部分样品分析工作在距离事件现场较近的和平县环境监测站完成。

4．材料报告

应急监测工作中，共编制环境空气、地表水监测快报 40 多期，发布监测方案 11 份，发布突发环境污染事件信息专报 10 多份，为各级领导及时掌握事件发展动态、指挥事件处置、控制舆情提供了重要支撑。

5．后勤保障与通信

"9·3"粤赣高速河源市和平县往江西方向危化品车辆交通事件二甲苯泄漏应急监测中，出动监测人员约 910 人次、车辆约 220 辆次。监测信息、资料通过电话、网络、电子邮件等形式及时报送国家、省、市各级部门，及时、准确地为政府决策提供监测信息，为社会公众提供污染动态。

（二）监测布点

环境空气：根据事件发生地的风向、敏感点的地理位置情况，分别在事件点隧道口南向约 100 m、500 m，距离事件点约 800 m 的银湖村，距离事件点约 6 000 m 的鹅塘村，距离事件点 7 000 m 的上正村布置监测点。

地表水：应急监测期间，随着污染物的迁移，对地表水监测布点做过一定的调整，最多时共计布设了 19 个监测断面，最主要的监测点包括五道污染物拦截坝下游、和平河、俐江、东江共 12 个监测断面，详见图 1。

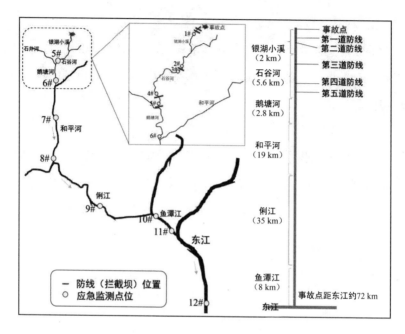

图1 事件应急工程布置及地表水监测点位示意

（三）监测因子的确定

环境空气：根据泄漏事件的具体情况，确定环境空气监测因子为苯、甲苯、对（间、邻）二甲苯、气象参数。

地表水：地表水监测因子为苯、甲苯、对（间、邻）二甲苯、乙苯和异丙苯。

（四）监测频次

事发当天，环境空气每2 h监测1次，第二天每4 h监测1次，共持续24 h。

地表水在全面达标前，每2 h监测1次，达标后每4 h监测1次。

环境空气和地表水监测频次根据现场监测方案要求实时调整。

（五）监测方法的选择

环境空气中苯系物的测定依据《环境空气　苯系物的测定　活性炭吸附/二硫化碳解析-气相色谱法》（HJ 584—2010）及便携式气相色谱-质谱联用法。

地表水中苯系物的测定依据《水质　苯系物的测定　气相色谱法》（GB 11890—1989）及便携式吹扫捕集-气相色谱/质谱联用法。

（六）监测仪器

环境空气监测使用台式气相色谱仪、便携式气质联用仪、便携式气象仪；地表水监测使用台式气相色谱仪、便携式吹扫捕集结合气相色谱/质谱联用仪等。

三、监测结果及污染评估

1．环境空气

事件发生后，环境空气监测持续了一天，结果全部达标，随即停止了监测。事件点隧道口南向约 100 m 处二甲苯最高质量浓度为 0.04 mg/m³、隧道口南向约 500 m 处二甲苯最高质量浓度为 0.02 mg/m³，距离事件点最近的银湖村的二甲苯最高质量浓度为 0.22 mg/m³；所有监测点苯浓度均低于检出限，甲苯质量浓度在 0.01～0.05 mg/m³ 范围内。各监测点苯、二甲苯浓度均低于中国居住区大气中有害物质最高允许浓度限值。甲苯浓度也在正常范围内。

2．地表水

监测期间，和平河、俐江、东江各监测断面地表水苯、甲苯、二甲苯、乙苯、异丙苯质量浓度均符合《地表水环境质量标准》（GB 3838—2002）集中式生活饮用水地表水源地特定项目标准限值要求。第一道截污坝上游水潭中二甲苯质量浓度最高达 13 648.62 mg/L；其他二甲苯质量浓度超标点都位于前四道污染物拦截坝处，第一道拦截坝下游 20 m 处二甲苯质量浓度最高为 27.55 mg/L，第二道拦截坝下游 20 m 处二甲苯质量浓度最高为 13.90 mg/L，第三道拦截坝下游 20 m 处二甲苯质量浓度最高为 1.531 mg/L，第四道拦截坝下游 20 m 处二甲苯质量浓度最高为 0.791 mg/L；二甲苯质量浓度到 9 月 5 日中午全面达标。除二甲苯外，苯、甲苯、乙苯、异丙苯等污染物在拦截坝附近都有不同程度的检出。拦截坝下游主要污染物二甲苯的质量浓度变化趋势见图 2。

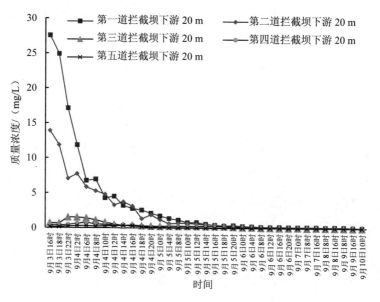

图 2　二甲苯质量浓度趋势

四、总结与思考

1. 事件泄漏的二甲苯通过高速公路隧道的排水道流入水潭，大部分污染物滞留在排水道和水潭中，银河村小河水流平缓且水量小，给截污和处理处置带来便利。

2. 处理处置污染物时使用了大量的吸附棉及活性炭，处理措施得当，污染物浓度下降较快，未对生活饮用水地表水源地东江造成影响。

3. 整个应急监测过程中，根据污染状况的变化情况及生态环境部委派专家的要求，监测方案共调整 11 次。

4. 整个事件处置过程中，应急监测程序运行正常，指挥正确，准备充分，反应迅速，报告及时，为事件处置决策提供了科学依据；在处置事件中检验了应急预案，也锻炼了应急监测队伍。

5. 对污染物处理过程中使用的吸附棉及活性炭，未能及时找到有资质的处理单位。吸附棉及活性炭在室外存放期间向大气释放污染物，造成了一定的二次污染。

6. 应急监测过程中只注重污染物对水体、大气的影响，忽视了土壤、底泥中污染物浓度的监测。

7. 事件暴露了高速公路应急设施的缺乏及管理不善问题，排水道末端未设置应急池，从而使污染物流入沟渠中。

8. 县级环境监测站人员编制少，有机污染物监测能力较薄弱。

附录十一 典型案例四

"3·9"广州市天河与黄埔交界区域异味事件应急监测

摘要：2018 年 3 月 9 日，根据"110"指挥中心案情通报，天河与黄埔交界区域一带，陆续有居民反映闻到异味，接报后广州市环境保护局第一时间介入调查。经排查后发现，本次异味事件可能为天河区和黄埔区两处市政污水井有机废液偷排所致。广州市环境保护部门等迅速启动了突发环境污染事件应急处置预案，及时组织现场采样监测，了解事件现场情况，科学制定应急监测方案，及时向上级部门提供第一线的准确监测数据，为相关部门提供决策依据。本次市政管网偷排高浓度有机物废水所导致的异味事件，对猎德污水处理厂和大沙地污水处理厂的出水水质、污水处理厂周边空气和珠江广州河段前航道水体造成一定程度的影响，事件造成乌涌某河段出现 700 m 死鱼带，但未造成人员伤亡。3 月 13 日相关污水处理厂出水以及排放河段水质恢复正常，环境污染警报解除。

关键词：异味 石油化工类废液 偷排 水体 环境空气

一、应急监测启动

（一）应急接报

2018 年 3 月 9 日 10 时 55 分，接到"110"指挥中心反映天河与黄埔交界区域出现异味等情况电话通报后，广州市环保局立即组织应急力量，在相关区域开展排查工作。19 时 15 分，接到广州市环保局应急监测指令后，广州市环境监测中心站迅速组织应急人员赶赴猎德污水处理厂、大沙地污水处理厂、涉事市政污水井以及相关河段现场，开展应急监测工作。

（二）现场情况

2018年3月9日15时，广州市环保局排查人员在黄埔区科学城一市政污水井内发现疑似废液倾倒痕迹，同时在天河区乌涌某河段发现约700 m的死鱼带。3月9日17时30分，广州市环保局先后接到广州市净水有限公司大沙地分公司和广州市猎德污水处理厂反映，进水出现大量油污并伴随明显有机气体的异常现象，其中大沙地污水处理厂自当日14时起出水氨氮浓度连续超标，随后猎德污水处理厂出水水体中苯和甲苯浓度超标。当日23时，广州市水务局在天河区某路段一市政污水井发现疑似倾倒点。

（三）污染物特性

石油化工类废液中主要对环境有害的成分为苯系物、多环芳烃两大类有机污染物，其中苯和甲苯浓度较高。

苯及甲苯为无色透明油状液体，具有芳香气味，易挥发为蒸气，易燃有毒。

苯是一类致癌物，如果被吸入可能引起急性中毒。苯会对皮肤和上呼吸道造成损伤。经常接触苯，皮肤会因脱脂而变得干燥、脱屑，有的出现过敏性湿疹。长期吸入苯可导致再生障碍性贫血，还会导致白细胞减少和血小板减少，严重时可使骨髓造血机能发生障碍。

甲苯对眼及上呼吸道黏膜有刺激作用，高浓度甲苯对中枢神经系统有麻醉作用，短期内吸入较高浓度甲苯可出现眼及上呼吸道明显的刺激症状、眼结膜及咽部充血、头晕、头痛、恶心、呕吐、胸闷、四肢无力、意识模糊、步态蹒跚等症状，重症者会出现躁动、抽搐或昏迷的症状。

二、应急监测方案

（一）人员分工

2018 年 3 月 9 日 19 时 15 分，接广州市环保局情况通报后，广州市环境监测中心站按相关要求启动了突发环境污染事件应急预案，迅速组织应急技术人员赶赴现场，并根据现场情况确立了环境空气监测点、污水监测点和地表水监测点，明确了广州市环境监测中心站应急人员的分工及监测要求。

参与本次事件应急监测的人员分为现场监测组、样品分析组、报告编制组、监测协调和后勤保障组，广州市环境监测中心站副站长担任本次应急监测的总指挥。

1. 现场监测

现场监测任务主要由现场监测组的技术人员完成。从 3 月 9 日 19 时 30 分开始第一次现场监测，到 3 月 13 日晚应急监测终止，此次现场应急监测总共历时 5 天，共计出动应急监测人员 56 人次。布设气体监测点 8 个，水质监测点 15 个。监测人员在做好个人防护、确保人身安全的情况下开展现场监测，没有发生个人安全事件。

2. 样品分析

样品的分析主要由分析室的人员完成，现场分析指标由现场监测组的人员完成。此次应急监测中，通过实验室分析，以及使用便携式 TVOC 检测仪、便携式气质联用仪现场分析，共出具 TVOC、苯、甲苯等监测数据 473 个。

3. 报告编制

本次应急事件由综合组编制信息报告。应急监测工作中，以短信形式向广州市环保局报送信息快报 2 份，以书面报告形式向广州市环保局报送监测报告 5 份，向广州市政府报送情况汇报 1 份，为各级领导及时掌握事件发展动态、指挥事件处理处置、控制舆情提供了重要支撑。

（二）监测布点

环境空气：根据现场情况，在猎德污水处理厂进水车间、猎德污水处理厂上下风向、出现可疑污水的车陂北路中海康城路段和南翔一路布设了 5 个空气监测点；在大沙地污水处理厂进水口、大沙地污水处理厂上下风向，布设了 3 个空气监测点；空气监测点共 8 个。

污水处理厂：在猎德污水处理厂进水车间、猎德污水处理厂一二期出水口、猎德污水处理厂三期出水口、猎德污水处理厂四期出水口和大沙地污水处理厂出水口布设了出水监测点 5 个。

地表水：应急监测期间，对地表水监测布点做过一定的调整，最多时共计布设了 9 个监测断面，最主要的监测点包括珠江广州河段前航道（人民桥、猎德污水处理厂总排口对出江面、琶洲大桥）和珠江广州河段黄埔河道（大沙地污水处理厂出水口对出江面、大沙地污水处理厂出水口对出江面上游 500 m、大沙地污水处理厂出水口对出江面下游 2 000 m）等 6 个监测断面。

（三）监测因子的确定

环境空气：根据异味事件的具体情况，确定环境空气监测因子为苯、甲苯、乙苯、1,3-二甲苯、1,2-二甲苯、二环戊二烯、萘、1-甲基萘、2-甲基萘、TVOC 和气象参数。

污水处理厂：特征污染物监测因子为苯、甲苯、二甲苯、乙苯、萘、菲、苯乙烯、甲基萘。

地表水：地表水监测因子为苯、甲苯、二甲苯、乙苯、萘、菲、苯乙烯、甲基萘。

（四）监测频次

事发当天，环境空气每 2 h 监测 1 次，第二天每 6 h 监测 1 次。

在污水处理厂出水和地表水全面达标前，每 2 h 监测 1 次，达标后每 6 h 监测 1 次。

环境空气和地表水监测频次根据现场监测方案要求实时调整。

（五）监测方法的选择

环境空气中苯系物的测定依据《环境空气　苯系物的测定　活性炭吸附/二硫化碳解析-气相色谱法》（HJ 584—2010）及便携式气相色谱-质谱联用法。

地表水和废水中苯系物的测定依据《水质　挥发性有机物的测定　吹扫捕集/气相色谱-质谱法》（HJ 639—2012）及便携式吹扫捕集-气相色谱/质谱联用法。

（六）监测仪器

环境空气监测使用台式气相色谱仪、便携式气质联用仪、便携式 TVOC 检测仪、便携式气象参数测定仪等；地表水和污水处理厂出水监测使用台式气相色谱仪、便携式吹扫捕集+气相色谱/质谱联用仪等。

三、监测结果及污染评估

3 月 9 日监测结果显示，造成异味的有机气体成分主要是苯系物和多环芳烃两大类有机物。5 个空气监测点中除厂界上风向外，TVOC 浓度均超标。其中猎德污水处理厂进水车间、车陂北路中海康城路段和南翔一路 3 个空气监测点检出了高浓度的苯、甲苯和二甲苯气体,这些污染物的浓度存在不同程度的超标。猎德污水处理厂排水口中苯和甲苯浓度出现超标,珠江广州河段前航道水体受到了一定程度的影响。由于各点位污染物的特征一致,主要成分是苯系物和多环芳烃两大类有机物,且各点位空气和废水中检出的有机污染物种类和浓度比例高度吻合,初步判断为石油化工类废液通过污水管网沿途挥发造成周边空气出现异味,废液进而排入污水处理厂影响其处理效果及出水水质。

3 月 10 日监测结果显示,大沙地污水处理厂水体和气体中检出的有机污染物种类与猎德污水处理厂基本一致,但浓度比猎德污水处理厂低。猎德污水处理厂进、出水及空气中污染物浓度较前一日大幅下降,其中猎德污水处理厂一二期出水口已经达标,厂界外下风向 TVOC 浓度已经达标。调整后的珠江广州河段前航道各监测点水质均达标。

3 月 11 日监测结果显示,除猎德污水处理厂进水车间和大沙地污水处理厂进水口空气中 TVOC 浓度超标以外,在各厂区空气监测点、出水口废水监测点以及珠江广州河段前航道地表水监测点,各项监测指标均达标。

3 月 12—13 日监测结果显示,各污染物浓度持续下降;猎德污水处理厂和大沙地污水处理厂厂区空气中 TVOC 浓度连续两天达标,各出水口水中苯、甲苯等有机污染物浓度连续三天达标;珠江广州河段前航道和黄埔航道各监测点苯、甲苯等有机污染物浓度连续三天达标。

3 月 13 日晚,事件现场及污染源得到有效控制,环境污染威胁解除，经广州市环保局分管应急监测局领导同意，终止本次应急监测工作。

四、总结与思考

（一）统筹指挥，齐心协力，维护社会稳定

本次事件是近年来广州市出现的一起较严重的环境污染应急事件，由于正值 2018 年全国两会期间，妥善处理好该事件具有重大意义。3 月 9—13 日，在广州市环境监测中心站领导的统筹指挥下，广州市环境监测中心站人员连续 5 天加班加点开展应急监测作业，共计出动应急监测人员 56 人次。布设空气监测点 8 个，水质监测点 15 个。通过实验室分析，以及使用便携式 TVOC 检测仪、便携式气质联用仪现场分析，共出具 TVOC、苯、甲苯等监测数据 473 个，为事件的圆满解决提供了重要技术支撑。

（二）应急值班制度运行有效

实践证明，广州市环境监测中心站在岗值班和电话值班制度运行有效，在接到应急指令后，能迅速组织监测人员开展应急监测，保障了广州市环境监测中心站应急快速响应能力。应急监测车上设备工具数量齐全，状态良好，能保障现场监测工作的顺利开展。

（三）应急监测安全第一，明确工作目标

本次监测过程中，由于事态严重，广州市环境监测中心站多名工作人员长时间暴露在高浓度的有机气体环境中，尽管佩戴了防护面具，但是仍然造成了身体不适。在以后的应急监测中，应始终把人员安全放在第一位，在符合安全规定的前提下，尽可能以最少的布点获取足够的、有代表性的所需信息，完成必要的监测采样工作后，尽快撤离事件现场。

（四）信息报送速度有待提高

本次事件中，广州市环境监测中心站主动加强与上级单位的沟通联系，按照应急监测信息报送制度，以短信的形式向广州市环保局报送信息快报 2 份，以书面报告的形式向广州市环保局报送监测报告 5 份，向广州市政府报送情况汇报 1 份。但是也存在着信息报送不够迅速的问题，今后需进一步锻炼应急专业人员的文字功底和数据分析归纳能力，多途径收集各类应急事件报送资料，建立报送模板，提高信息报送的质量和速度。

参考文献

[1] 国家环境保护总局环境监察局. 环境应急响应实用手册[M]. 北京：中国环境科学出版社，2007：44-46，539-544.

[2] 国家环境保护总局. 水和废水监测分析方法[M]. 北京：中国环境科学出版社，2002：32-33.

[3] 李国刚. 突发性环境污染事件应急监测案例[M]. 北京：中国环境科学出版社，2010：54-55.

[4] 中国环境监测总站. 应急监测技术[M]. 北京：中国环境出版社，2013：65-67.

[5] 冯辉. 突发环境污染事件应急处置[M]. 北京：化学工业出版社，2018：42-44.

[6] 肖昕. 环境监测[M]. 北京：科学出版社，2017：304-308.

[7] 陈志莉. 突发性环境污染事件应急技术与管理[M]. 北京：化学工业出版社，2019：89-93.

[8] 徐广华，等. 环境应急监测技术与实用[M]. 北京：中国环境科学出版社，2012：177-178.

[9] 中华人民共和国环境保护部. 突发环境污染事件应急监测技术规范：HJ 589—2010[S]. 北京：中国环境科学出版社，2011.

[10] 国家环境保护总局. 地表水和污水监测技术规范：HJ/T 91—2002[S]. 北京：中国环境科学出版社，2002.

[11] 中华人民共和国环境保护部. 环境空气质量手工监测技术规范：HJ 194—2017[S]. 北京：中国环境出版社，2017.

[12] 国家环境保护总局. 大气污染物无组织排放监测技术导则：HJ/T 55—2000[S]. 北京：中国环境科学出版社，2000.

[13] 国家环境保护总局. 土壤环境监测技术规范：HJ/T 166—2004[S]. 北京：中国环境科学出版社，2004.

[14] 中华人民共和国生态环境部. 建设项目环境风险评价技术导则：HJ 169—2018[S]. 北京：中国环境出版集团，2019.

[15] 中华人民共和国环境保护部. 环境空气　挥发性有机物的测定　吸附管采样-热脱附/气相色谱-质谱法：HJ 644—2013[S]. 北京：中国环境出版社，2013.

[16] 中华人民共和国生态环境部. 关于印发《重特大及敏感突发环境污染事件应急响应工作手册（试行）》的通知（环办应急函〔2020〕713号）[Z]. 2020.

[17] 中华人民共和国生态环境部. 关于印发《重特大突发水环境事件应急监测工作规程》的通知（环办监测函〔2020〕543号）[Z]. 2020.

[18] 中国环境监测总站. 关于征求《生态环境应急监测评价标准选用指南》和《应急监测仪器核查标准规程编制指南》意见的函[Z]. 2021.